# 装修轻时代，

## 让家越住越有生活感

漂亮家居编辑部　著

中国轻工业出版社

# CONTENTS 目录

## CHAPTER3 有用设计一定做

## CHAPTER4 加分设计这样做

# 装修轻时代

如今的装修观念已和以往不同，越来越多的设计师与居住者开始懂得思考居住时最基本的需求与感受，试图抹去属于装修的胭脂水粉，让空间回归最合适的生活所需。

# 何谓装修新时代趋势

随着装修信息普及和环保概念的建立，人们对于家的样貌逐渐摆脱制式规格，朝向更个性化、具有复合功能的方向去思考；因此，大量且固定式的装修或成套成组的家具配置，逐渐被重点式装修与突显品位的造型家具、家饰慢慢取代，就连色彩选择上也更大胆。随着装修轻时代的来临，不仅让人与空间的关系更自在，专属质感也在日常中慢慢被"活"出来！ 以下将由设计师Mia与屋主Emily为读者诠释装修新时代的趋势。

角色介绍

### 设计师 Mia

不追求大动土木的装修模式，喜欢以可变换的家具与软装让房主的家更具有人味。了解房主的性格与喜好后，在居家设计中注入清净明亮的留白，适度点缀不同质感。

### 屋主 Emily

希望居家设计可以很有自己的风格，平时也会上网搜寻喜欢的图片与案例，却不知道该从何下手，因而寻求设计师的协助。

插画_徐怡萱

## 01　装修感少一点，生活感多一点

　　装修目的是为了提升生活品质，因此，应该从固有生活习惯做设计思考，才能合宜地增减功能。一般人为了节省预算，多是将就开发商的设计规格，填入家具，却常造成不便。所以装修的第一个重点应该放在格局整顿。

　　一般而言，实墙过多会造成采光不良和紧迫感；不妨透过拆除墙面来提升亮度、放大空间。动线曲折也会令人与场所的关系较疏远，可通过整并手法，例如将餐、厨规划在同一区块，或让公、私领域各自集中，来提升日常活动的流畅感。基础问题改善后，可用一些现成软装布置来创造生活感，例如市面上有许多复合功能的家具可根据需要弹性变动，或是搭配藤篮、木箱这类可灵活移动的配件来扩充收纳，装点风格。但要留意物件之间色调与造型是否协调，避免过多色彩与线条使空间杂乱。此外，穿插规划冷、暖照明，让空间能随心情变换氛围。最后，不妨加入一些绿色植物或鲜花，让花与叶的线条和荣枯变化创造出空间流动感与生命力。

刚买的房子格局并不符合家人的需求，是否应该将就，或者有其他补救办法？

可以通过拆除墙面来提升亮度、放大空间，改善格局后，再通过软装布置营造生活感。

插画 _ 徐怡萱

# ☑ 整顿格局加强基础，善用布置增添生活感

图片提供 _ 原晨设计

图片提供 _ 原晨设计

**1** **运用植物、藤篮等营造生活感**　利用藤篮这类小物可强化生活感和收纳功能，但要注意色彩跟造型，避免产生突兀感。鲜活植物能净化空气，也可使空间表情更柔和。

**2** **大胆改变动线、整顿格局**　原本在长屋前端的楼梯改至中央，使公共区域和私人领域能够独立分隔，再以洞洞板增加光线穿透，通过格局整顿打造明亮开阔新风貌。

## 02　减少复杂设计，以装修突显自我风格

　　装修轻时代的规划秘诀之一就是重点式装修，且装修体量通常具有一物多用的特性。举例来说，开放式格局中可能利用柜体延伸同时满足收纳、隔间、区域分界等需求，而柜体本身的造型或表面饰材又替空间丰富了层次。

　　除了重点式装修，利用主题墙或主题色来增加变化也是很简便的做法。例如，蓝与白的搭配马上就能勾勒出地中海印象，明黄、咖啡、橘红则有助于挥洒南法乡村风。主题墙的表现可通过壁纸、瓷砖甚至挂毯等手法装饰，采用周边留白但突显焦点做法，也会让空间更有型。不想在立面上做太多设计，不妨在面积最大的地板区块花心思。若是采用木地板，可以通过不同拼贴法来增加变化。例如，1/3拼有阶梯状的接缝规律，而工法繁复的人字拼则可以创造复古典雅气氛。花砖容易清理也是强化设计的好帮手，不论是大范围铺陈，还是小区块点缀，立刻就能吸引目光。

插画 ＿ 徐怡萱

# ☑ 重点式装修，实用、聚焦一把抓

图片提供 _ 非关设计

> **3** **选择重点装饰设计**　利用灰黑色美耐板包覆玄关与厨房中间隔墙，既整合了双边收纳，又使餐桌能够定位，丰富了空间色彩，达到满足多重需求的目的。

图片提供 _ 原晨设计

4　**书柜搭配色彩墙更亮眼**　双色漆搭配格柜造型主题墙，勾勒出明快的文艺气质。人字拼地
　板则将动线通透的开放式格局衬托得更加生动活泼。

## 03 原貌呈现或造型融合，化解梁柱困扰

结构梁柱经常在空间中形成突兀感，过去习惯将梁柱用面材包装修饰，或干脆整个藏进天花板中，却因此带来装饰体量庞大以及屋高变低的问题。因应设计潮流改变以及工业风盛行，管线跟结构外露手法早已见怪不怪，因此在设计规划时不妨大方将管线收整，以原貌呈现，甚至将其视为设计元素的一环，反而能保留天花板高度，创造随兴风格。

一般住家常见的造型线板，在提倡重点设计中反而较少使用，通常会以墙面原貌或是留缝手法搭配间接照明修饰，借此增添空间利落感。此外，虽然装修轻时代主张舍弃赘饰，但想要化解梁柱问题时，也可以利用在天花板或墙面上增添造型装饰来转移人们的注意力；通过造型物件与结构的融合，让其不致突兀存在，甚至还能成为亮点。另外，用来修饰的造型也经常兼具隐藏管线的作用，搭配中央空调做整体规划，会让整体视觉效果更加精致简洁。

插画 _ 徐怡萱

# ☑ 硬体（天花板／墙壁／地板）装修比重轻

图片提供 _ 原晨设计

5　**天花板局部装修添趣味**　在天花板增添弧形木作来降低大梁的存在感，同时还能借此增添设计趣味，使天花板有向上提升的错觉，顺势隐藏了灯具线路。

6　**管线外露，原貌呈现**　将管线收整外露，且显现部分结构面的做法，让空间呈现不羁性格。刻意将空调机外露成为设计一环，也有助于风格塑造。

图片提供 _ 非关设计

## 04　光线的引进，放大空间，延展景深

　　住家感觉晦暗有几个可能原因。一个是整体采光条件不错，但因格局设计不佳，导致采光被实墙阻隔分散，此时，通过拆墙跟功能整合变成开放式格局，通常都能获得不错的改善效果。另一种情况是采光条件受限，例如长形屋光源集中在两端，或是外部有建筑阻挡日光等，面对这样的窘境，除了要将主活动区调整至光线充足的地方外，也可以采用开放设计，尽量将自然光引入屋中央。

　　此外，还可以搭配穿透手法跟材质来借光。例如悬空柜体不仅能减少压迫感，也有助于借用相邻区域的光线；或是以镂空的造型隔屏，满足遮挡和采光双重需求。采用玻璃当作隔间材质，不仅好清理，还能确保视线穿透与明亮。而反射效果强的镜面，具有延展景深、放大空间的作用，局部使用能增添其轻盈感，创造视觉流动趣味，若是大面积应用则可挑选灰镜、黑镜铺陈，以降低反射刺激。

房子的格局是长形的，只有连接客厅的阳台才能让光线洒进来，但阳台很窄，与客厅以半窗连接，该如何将光线引进房子里呢？

建议把阳台和客厅之间的半窗隔间打通，让阳台变成客厅的一部分，如此一来，光线就能顺利引入室内。

插画 _ 徐怡萱

# ☑ 开放手法搭玻璃材料，阴暗靠边站

图片提供 _ 非关设计

图片提供 _ 原晨设计

7 **用玻璃引光入室** 将阳台进屋入口动线延展，借此争取到客厅主墙面积。上下以40cm深的柜体铺陈，搭配直纹玻璃引光，让景深拉长，强化里外互动。

8 **调整格局，让光源渗透** 长形屋将楼梯位置调整置中，争取完整的功能区块，并借由白色洞洞板和镂空手法，尽量让光源能相互渗透，有效解决室内原有的晦暗问题。

## 05 以三维思考统整色彩，创造平衡

运用装修轻时代的设计思维，效果最好的设计手法莫过于颜色，由于墙面是平视时直观接触的区块，因此独立出一道反差大的色彩墙，是吸引焦点最快的做法；素色涂刷视觉效果简洁，也方便增添挂画或照片等饰品。若是想让墙面本身成为画作，几何图形或手绘图案都是很棒的选择，但若此时墙面已有线条吸睛，周边应尽量清空家具或选择造型利落的物件来摆设。若想集中选用单一色彩做全室背景墙，除了风格走向之外，还要将采光条件考虑进去，避免深色造成居住者滞闷。

立面上的柜体、层架或饰材也是色彩来源之一，与背景墙结合时，可以顺势将造型因素考虑进去，更能突显平稳和谐或对比活泼的视觉效果。若背景朴素，利用鲜艳的家具来做跳色，也是替空间增加亮点的好方法。此外，地面范围大又经常因干、湿区分也有颜色与材质的落差，做色彩计划时务必将其考虑进去，整体视觉效果才会更平衡。

我很喜欢明亮的颜色，比如紫色与黄色，蓝色与橙色都很亮眼，不知道家里的墙面与家具的配置是否可以采用亮丽活泼的配色法呢？

你选择的都是互补色系，如果家里都是这样的色系会让居住者感到压抑或烦躁，建议避免直接使用对比色，可挑选混入其他颜色的色彩运用，或者在颜色中混入些许灰色，让色调相对沉稳。

插画 _ 徐怡萱

# ☑ 善用空间颜色，强化视觉效果

图片提供 _ 非关设计

9　**利用一面亮色墙强调焦点**　本质朴素的空间除了用鲜艳色墙创造亮点，还搭配织纹别致的地毯来强化氛围，通过立面与平面不同比例的色彩运用，营造活泼印象。

图片提供 _ 原晨设计

10　**全面考虑天、地、壁设计，找出平衡**　将天、地、壁上的造型、材质与色彩因素做通盘考虑，才能形成和谐画面，否则容易造成单看很美，搭起来却不平衡的窘境。

## 06 巧用配饰软装营造亮点

　　装修轻时代强调硬体装饰少，背景上也偏素雅，通过布艺品风格万千、色彩多元又可卷折的特性，能立即软化空间表情，创造亮点。就收纳或应用弹性来看，都是实用性最佳的选择，特别是开放空间有时会被亲友念叨风水问题，长布帘立即就能充当隔屏，又不致影响原有格局。

　　若想要增加空间趣味性，不妨在家中摆设1~2件尺寸较大的造型家具或落地艺术品，或是将个人爱好品，如公仔或咖啡杯，找一个区域单独陈列，都会让空间更有个性。此外，画作、照片或挂饰也是活跃氛围的好帮手，但在摆放时要注意尺寸、颜色跟留白之间的比例关系。例如，背景颜色深的挂饰，衬在浅色墙上尺寸不用大，聚焦效果也很明显，因此可以将饰品挂于侧边，留出较完整的空白区域，反而比置中摆放更能突显轻重对比。即使是照片墙也可采用疏密错落的手法布置，才更能突显设计，避免凌乱。

我看市面上很多书都在教导断舍离或者简单生活，为了居家生活感，是不是该减少家居软装的布置呢？

关于居家生活感，你需要的不是减法，而是加法，在一面墙上挂画，在沙发上放合适的抱枕，或者在柜子加上20~25cm左右的物品，就能让空间亮起来。

插画_徐怡萱

# ☑ 运用艺术品、画作、软装营造生活感

图片提供 _ 非关设计

图片提供 _ 原晨设计

11 **适度留白更清爽**　空间里有一道带有铜锈感的特殊漆主墙，周边背景墙就以明度低、彩度高的灰蓝相映，因此在柜体与画作上留白以平衡整体视觉。

12 **以画作艺术品点缀空间**　造型别致的落地艺术品可以吸引目光，提升空间趣味性。墙面挂饰不一定要置中摆放，通过深浅对比和疏密错落的手法，更能突显设计感。

## 07 限缩、遮蔽、转折激化空间魅力

　　许多人对于空间感的理解有刻板印象，以为隔墙越少越好或自然采光越多越好。事实上，居住本身讲究的是一种整体的舒适感，即使完全释放隔间或采光，也可能造成空荡冷清或是日晒过强、隐私度不够的困扰，因此，适度的限缩、遮蔽或转折都是营造空间感不可或缺的。

　　东方人对于方正格局有偏好，但面积小或是想扩大使用率的住宅，不妨利用斜向家具摆设或是斜墙，让动线可以延展扩张。即使是开放格局，在不同区域也能尝试借由天、地、壁材质跟色彩的差异圈围独立属性，或是用半高台面、柜体设立分界。遇到过于冗长的墙面时，还可以利用木皮或是其他素材做截断。一则可以使功能区更集中，二来也能借异材质铺陈堆叠层次感。此外，拉门开合也是调控空间太过压迫的好方法。总之，规划时试着去创造一种能随时互动，又各自独立的氛围，会比全然开放式格局更能演绎空间魅力。

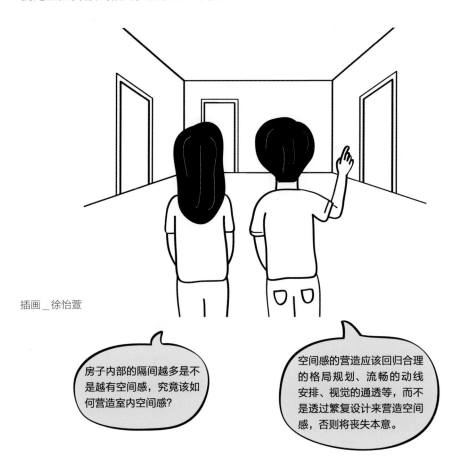

插画_徐怡萱

# ☑ 增加视觉延伸，自由营造空间感

图片提供 _ 非关设计

**13** | **以斜墙放大公共区** 旧格局为方正的空间，刻意利用斜墙统合入口角度，可放大公共区面积，同时缩减利用率较低的区块，令动线顺畅、空间利用率提升。

图片提供 _ 原晨设计

**14** | **以设计手法增加视觉延伸** 先低后高或入口窄、腹地大的手法，能创造柳暗花明的惊喜。而垫高梯下空间能让视觉延伸，也可采用镂空斜角使矮台变得轻盈实用。

## 08  对比手法升级局部设计效果

想要运用装修轻时代的手法，避免大兴土木且节约预算，却又担心空间过于素雅会失去个性，可以尝试利用局部设计来增添变化；而"对比"是效果快又明显的手法。举例来说，沙发背景墙多数是平滑漆面，可以在墙面的上下角落或是侧边用文化石或裸露的结构材料，制造出凿面与光滑的对比呼应。抑或是用黑白双色结合镜面与木作，带来虚实交映、明暗共陈的视觉变化。

此外，将设计延伸至天花板也是不错的手法；特别是在开放格局中，区域的界定较不明确，通过单独的天花造型，或是用木作将墙面与天花板衔接起来形成木框，都能替空间制造焦点。对于藏书较多的住家，也可以考虑用柜体墙取代实墙隔间，如此一来，柜体与物品的结合本身就是一个端景，一举满足了收纳与装饰的目的。而纹理别致的木皮或石材，也能通过对花、混搭或连续面呈现装饰效果，但只要挑1~2处重点表现即可。

插画 _ 徐怡萱

## ☑ 装饰设计局部做

图片提供 _ 非关设计

图片提供 _ 非关设计

15 **以对比方式创造视觉焦点**　进屋入口刻意裸露出红砖结构，利用粗糙与光滑的质感落差以及红墙绿窗的颜色呼应，对比出丰富讨喜的视觉感。

16 **裸露部分天花板，增加个性**　天花板利用一道斜线分割，呼应整体设计概念，同时又通过水泥凿面替空间增加了个性，也营造出天顶拉升的感受。

# 保留自我风格
# 的空间

对居住空间而言，面积大小与风格设定并非首要
条件，适宜自己与家人的生活模式，并为将来留
下变化弹性，才称得上是保留自我风格的空间。

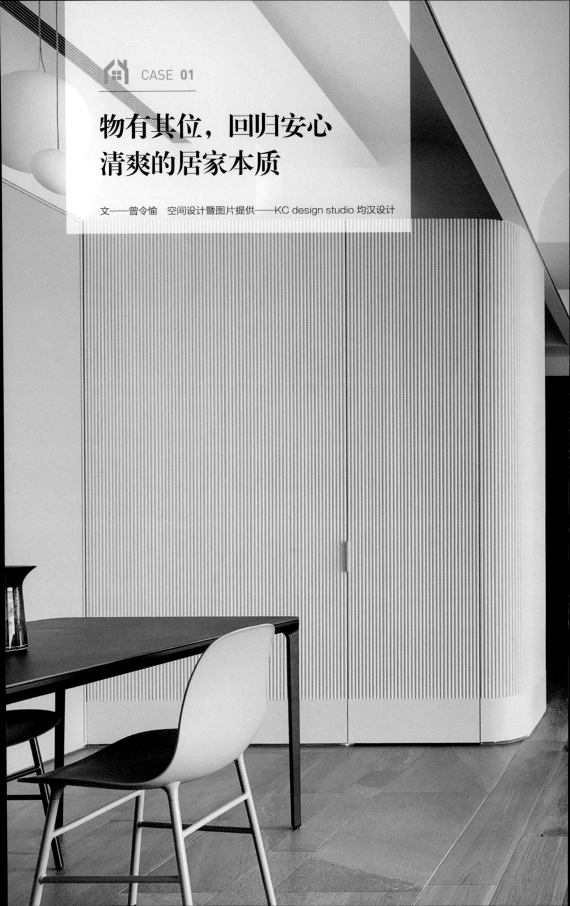

CASE 01

# 物有其位，回归安心
# 清爽的居家本质

文——曾令愉　空间设计暨图片提供——KC design studio 均汉设计

## HOME DATA

|面积| 135㎡

|格局| 3室2厅2卫

|使用建材| 毛玻璃、大理石粉砖石板、
木板、薄石板、镀钛

|平面图|

1

1　加分设计这样做　**以弧形书墙营造生活感**　为了实现家最核心的价值"安心"，设计师以弧形曲线赋予空间柔和表情，也避免孩子在家中跑跳时撞到生硬转角。书墙选择透光但不透明的毛玻璃材质，并且以特殊打版塑造优美弧度，柜上物件剪影隐约透露最真实的生活风景。

　　本例居住者是一对夫妻与三个活泼可爱的孩子，整体空间设计的核心是围绕着一家五口的生活展开。对父母而言，陪伴孩子成长是现阶段生命中最重要的任务，因此希望整个家都是孩子安心玩耍的场所，同时也希望有亲子共读空间；而站在生活实际面，三个学龄孩童精力旺盛，要如何让新装修的房子易于维持，不会被孩子的书本、玩具弄得乱七八糟，也是期盼通过空间设计解决的问题。

　　从"安心"的角度出发，设计师首先赋予空间"弧"的柔和感，利用天花板的弧抚顺原始结构梁生硬的折线，而玄关与书房柜体转角均细心用柔弧，让孩子能在家里自在嬉耍，无须担心碰撞墙角。

　　而房主所期待的亲子共读空间，则安放在空间迎光最充沛的角落，运用半透明的毛玻璃书柜塑造阅读空间与外部的区隔，像一枚透明泡泡轻轻裹住阅读时光，同时又保有光线穿透分享的特质。开放式的展示书柜富有收纳功能，而架上的书将随着孩子的成长阶段而呈现不同样貌，是空间中最真实的风景。

　　这个可爱的亲子居家还有另一个特色，即空间"各司其职"：卧室是安静睡觉的地方，所以没有书桌；至于衣物的收纳则规划出一间储藏室，让"收拾"成为一种生活的直觉，不用再烦恼什么东西该放在哪里，也让孩子在潜移默化中了解"物有其位"的观念，自然而然养成"物归原位"的收纳习惯，让家不只是在刚装修好的那一刻好看，而是在未来的每一天都清爽。

(2) 有用设计一定做

**书桌藏有滚轮与轨道，让书房更有弹性**　格局调整后，家中最明亮区域成为亲子共读书房，L型的书桌设计也有巧思，安装了轨道与滚轮，可视需求弹性调整桌板位置。

(3) 有用设计一定做

**一物两用的隔间书墙**　兼具隔间与收纳功能的书墙，可供摆设书籍或日常物品，让孩子养成主动收纳、随时物归原位的好习惯，以空间设计实践生活教育。

4

(4) 加分设计这样做　**运用仿大理石材质增加视觉趣味**　餐厅墙面中央以仿大理石纹的薄石板打造展示台面，并形成视觉端景，上方悬挂三盏大小不同的圆形灯具，点缀巧妙的趣味感。

（ 6 ） 加分设计这样做

**实木衣杆可依需求挪动**  在细节上也丝毫不马虎，设计师特别打造镀钛五金脚架搭配实木衣杆，可以随服饰长短需求上下挪动，让收纳更灵活。

（ 5 ） 有用设计一定做     **省去门板开关打造精致储藏室**  针对收纳需求特别打造一间小巧的储藏室，储藏室里采用开放层架，省去门板开关的空间，同时也营造展示精品柜般的质感。

CASE 02

# 微整格局，
# 开阔家的全新视野

文——曾令愉　空间设计暨图片提供——两册空间制作所

# HOME DATA

| 面积 | 120㎡ |
| 格局 | 2室2厅2卫 |
| 使用建材 | 莱特漆、海岛木地板、回收木、涂料、铁件 |

1

① 加分设计这样做    **在实体墙内筑一道玻璃砖墙**    运用一道玻璃砖墙的巧思，让光线能够穿墙进入空间内部，就像晨曦破开云层的曙色，在沉静的时光中悄悄推移日常的风景。

本例位于新竹的高楼层大厦，空间面积120㎡，本身有良好的采光及绝佳视野，但原本的内部标准配置四房房型，让整体空间内部过于封闭阴暗，不但浪费了空间的宽广尺度，也让屋内原有的光线与视野优势被遮蔽，相当可惜。

在与房主讨论居住需求后，决定将格局改造为二室二厅的形式，删除不必要的房间，使公共区域及私人空间放大，拓展更为自在宽敞的空间尺度，同时也希望改善整体采光及视野遮蔽的问题。

虽是改变格局，但设计手法其实只是部分墙面的微整与裁切，就让整体空间感截然不同。概念上采取化实为虚，设计师将部分隔间改成弹性拉门及局部玻璃的设计，使邻近采光面的墙体产生开口及通道，将原本垄断采光的封闭小房间释放，化为引光入室的汇聚之源，串联客厅并一路延伸至玄关、餐厅，末端转入私人卧室，在整体格局形成回字型的光流回廊；有访客或必要时，仍可利用弹性拉门维持小房间的独立性，为空间创造更多的可能性。

此外，在串联空间的中心轴线上置入适当的柜体，赋予通道收纳、展示的功能。新填充的柜体形成厚实的墙体，以水泥涂料表征巩固中心的个性，与轻盈包围全局外围的纯白墙面相对，一重一轻，建构出折叠与块体堆砌的坚固意象与可视性，也隐喻家的定义：沉静安稳，轻盈自由。

 **加分设计这样做**
**既是墙体又是收纳柜** 为了让居住功能更完备，设计师在中央墙体置入适当的柜设计，赋予通道收纳、展示的功能，在简约中保有更多变化。

③ **有用设计一定做**
**开放式餐厨，凝聚家人感情** 餐厨采取开放式设计，运用中岛搭配餐桌设计，十分方便。早晨起床后于此享用早餐，也可静静感受晨光的变化。

4

（4）（有用设计一定做）　**巧妙打通格局，让光线流动**　本例的格局微整关键在于客厅后方隔间墙的调整，设计师将靠近采光面的局部墙体予以取消，让光线不会被遮蔽。虽然只是局部微调整，却让空间产生截然不同的流动感。

**5**

**⑤** 多余设计不要做　**以极简设计实践生活哲学**　整体风格采取极简、低装饰的调性，朴实无华，静好自美，让家真切还原生活的本来面目，以空间设计实现人生的哲学。

**6**

**⑥** 有用设计一定做　**调整格局，让无光空间成为聚光之源**　原本封闭的小房间经过格局调整后成为整个家的聚光之源，设计师仍保留弹性拉门与适度收纳设计，需要时可作为客房使用。

CASE 03

# 轻法式，展现单身女性
# 的自在优雅

文——陈淑萍　空间设计暨图片提供——北鸥室内设计

# HOME DATA

| 面积 | 60㎡
| 格局 | 1室2厅1卫
| 使用建材 | 海岛木地板、清玻璃、铁件、铜制金属、木百叶、进口壁纸、乳胶漆、瓷砖、线板、调光卷帘

| 平面图 |

**1** 加分设计这样做　**天、地、壁，注入轻法式的经典语汇**　客厅浅灰白壁面，先以滚筒工法做出浮凸质感再上漆，搭配复古人字拼贴木地板，与轻乡村风格的白色腰板、天花线板，打造低调素净的法式优雅。

　　这是一间单身女性的假日休闲小屋，平日偶尔也作为邀请朋友聚会的空间。进入屋内，顺着人字型木地板无间续的拼贴手法，使视线一路迢迢开展，空间感也跟着放大。厨房、卫浴与主卧，壁面色彩从浓浓的深靛黑转折至公共空间，成为清浅的灰白，如同由星空黑夜迎接黎明天光到来，心情也从静谧沉淀变得明亮轻快。

　　客厅区没有过度花哨的装饰，而是通过腰际高度的白色线板引领出淡淡法式优雅。仔细看灰白墙壁，能发现漆面特意以工法做出凹凸浮纹效果，在投射灯辉映下，呈现出更立体的层次之美。客厅的后方，则以双扇门板区隔出一间独立书房工作区，木作结合清玻璃材质，就算关起门也能维持小空间的通透感。

　　深色系主墙、深色系窗帘，谁说女孩的房间一定要粉嫩缤纷？沉稳优雅的调性，也能让主卧呈现迷人女性风采。空间中没有任何多余木作，也没有顶天落地、满满的收纳柜，而是利用国外进口的软装造型箱体，以错落排列堆叠的方式，成为卧室视觉亮点，如同放大版的珠宝盒，也像是散落墙壁的积木，是装饰性极高的美型收纳。

　　从事采购工作的女房主，对于家居软装的搜集相当感兴趣，因此在装修过程中，通过不断的讨论，勾勒出对空间的憧憬与描绘，再搭配慢慢搜集而来的单椅、经典吊灯、画作等，替空间加分，梦想中的"家"便一步一步水到渠成地实现！

 **有用设计一定做**

**木作墙与百叶柜，左右功能搭配**　玄关处设计一堵窄隔墙，屏蔽入门视线提升隐私，另一侧则以白色木百叶，打造45cm深度的鞋柜与收纳柜，同时也将配电箱包覆隐藏。

③ **加分设计这样做**

**对比色＋异材质，厨房立面更有变化**　厨房不设上柜，壁面以涂料加瓷砖斜拼手法，通过异材质的结合、黑蓝与亮白的色彩对比，变化出活泼厨房背景。橱柜旁的柱子，用铜管打造杂志架，空间利用分毫不浪费。

④ 加分设计这样做

**双扇门设计，让通道开口宽敞大气** 客厅背后的书房以清透玻璃木作打造出双扇门板，让入口通道保持大气宽敞。书房内选用可扩充组合的活动式书桌，方便随时调整空间用途。

⑤ 有用设计一定做

**黑、白、木色箱体，收纳兼具装饰** 以黑铁件镶边的造型箱体，如同放大版的珠宝盒，也像是积木一般，可错落排放或堆叠，随心所欲地调配悬吊位置，极具弹性的收纳，也兼具美型装饰效果。

⑥ （加分设计这样做）  **是更衣室入口也是一道通风墙**  主卧更衣室同样采用双扇门设计，欧式风格的木百叶门板让更衣空间通风明亮。内部壁面则用直条纹壁纸，借助线性拉高放大空间感。

⑦ （加分设计这样做）

**黑白配呈现清爽洗炼**  延续外部空间的深浅对比设计，卫浴的壁面与地面，通过黑与白搭配出利落个性。浴镜、浴柜把手与壁挂，选用铜金色金属让质感更加分。

# 与光为伍，植养一室
# 干净明亮的美好

文——曾令愉　空间设计暨图片提供——ST design studio

# HOME DATA

**｜面积｜** 99㎡

**｜格局｜** 2室1厅2卫

**｜使用建材｜** 实木皮、超耐磨地板、进口瓷
砖、油漆、风琴帘

**｜平面图｜**

**①**　**加分设计这样做**　**运用窗景与天花引入树景**　因为爱上了窗外的大树，房主夫妻买下这间小屋，设计师利用开阔的窗景与向外开扬的天花板引入树景，以空间诠释这段浪漫的故事。全室呈现简约清爽的风格，以浅白色调佐以充足日光，让室内显得宽敞明亮，并适度添入木质感家具，增加空间的暖意。

　　本例是一间99㎡的老屋，房主夫妻为了窗外的一株大树而购入此屋，但原本内部装修为工业风，与房主夫妻所偏爱的简单纯粹相去甚远，两人期待家能更清爽明亮，同时也减少多余的房间，将面积释放出来，让空间整体的尺度更开阔完整。

　　在格局的调整上，设计师力求还原空间尺度，仅留下具有结构支撑作用的柱体，减少不必要的隔间墙体，让室外阳光倾注一室明亮，并跳脱传统制式格局配置，舍弃"客厅一定要沙发"，将电视墙置于格局中央，赋予整个客餐厅完整的串联，不同的区块围绕着中央电视墙，宛若一座座岛屿般的连接，既是自由，也是亲密。

　　全室铺陈浅白色调，映着天光更显敞亮，但不想让住家太过冷清平淡，所以也加入小巧思，例如玄关鞋柜佐以深胡桃木色、窗户点缀深蓝风琴帘、厨房则有缤纷的壁砖活跃气氛，通过色系对比装点层次变化。而设计师也与房主取得"断舍离"的共识，公共区域除了鞋柜及厨具满足基本收纳，其余杂物均收入由一室改造成的更衣室里，不让储物柜瓜分空间纯粹的留白。

　　为了窗外房主夫妻钟爱的大树，室内除去整面窗景及向外开张的斜天花板延揽树景外，角落也饰以各类植物，大小错落，于这座纯白的小岛上安静张扬。在一室明媚的阳光中，在舒朗的空气里，日子于是能与光为伍，最简单，最幸福。

**2** 加分设计这样做

**以纯白厨具突显花砖设计**　厨房与公共区域互为背景，于是以缤纷花砖及实木零件点缀纯白厨具，使原本简单的小厨房有了个性，也让空间更具生活感。

**3** 加分设计一定做

**以电视墙为中立轴心**　将电视墙置于中央位置，让公共区域有了中立轴心，各个角落于是有了自己的风景，像一座座独立又相连的小小岛屿。

④ 加分设计这样做　**不浪费窗边美景，设置休憩吧台**　窗边处规划成休憩吧台，适合坐在这里聊天品酒，深蓝色的风琴帘将阳光洗成大海与天空的颜色，仿若迷幻而抽象的摄影艺术。

**5** 多余设计不要做　**删减多余的隔间，让空气光线自由流动**　为了还原空间整体尺度，尽可能删减不必要的隔间墙面，让整个公共区域更完整开阔，光与空气也得以自由流动。

**6** 有用设计一定做　**多一间收纳储藏室，维持高品质生活空间**　将原始格局的一个独立房间改为储藏室，与主卧室比邻，所有的杂物收纳均归位于此，留给生活最纯粹的明净美好。

# 原屋格局微调轻整，
# 化身养育新生儿超顺手宅

文——李佳芳　空间设计暨图片提供——十一日晴空间设计

# HOME DATA

| **面积** | 86㎡ |
| **格局** | 3室2厅2卫 |
| **使用建材** | 实木皮、美耐板、木地板 |

| 平面图 |

**①** **加分设计这样做**　　**不做整面大型柜体，将部分柜体收进墙面**　设计师特别留意大体量的压迫感，所以上柜并不做满到天花板，而是刻意用白色封板，一来可以走管线，二来把柜体完全收进墙里，立面感觉更素净。

　　拥有新生儿的喜悦，为二人世界带来小小改变，因此在设计房子时也加进去思考。依照原房情况些微调整格局，主卧室隔间移除，利用衣柜背板、衣物、日本隔音毯来隔音，争取8cm的墙面厚度，使书房有合理大小。而在面积较大的餐厅，梁下空间处理为储藏间，可容纳大量杂物收纳，并能直接推入婴儿车，加上与沙发背墙一致的藕灰色，浅浅的跳色效果，为视觉带来舒服的感受。

　　依据房主的轻烹调习惯，厨房保持原有形式，但为了解决一字型厨房的电器柜问题以及考虑照料幼儿的需要，于是在餐桌边设计了一组很长的餐柜，可连贯到玄关，同时支援玄关收纳。比起垂直收纳的电器柜，长边柜在使用上更为得心应手，有大量台面可摆放小家电和照料幼儿常用的器具，如：热水瓶、消毒锅、奶瓶架、咖啡机、烤面包机等，都可一字排开摆放，新手妈妈随手取用，工作起来有条不紊。

　　至于房间处理，主卧与儿童房因外墙结构关系，有梁横亘形成的明显上下墙凹，设计师顺势处理成为衣柜（儿童房不做满，保留日后弹性）。为了活用主卧的长形格局，增加床头柜，解决压梁问题，也整合了左右床边柜，增加床头置物平台，睡前读本、饮料、眼镜、手机、闹钟等都有地方可以放。

**2** 〔有用设计一定做〕

**高自由度的书房设计**　书房收纳使用无印良品的自由层架系列，板材因有铁件增加强度，兼具美观与耐用度，柜体部分不做满，保留平台可以放置音响等，也减缓压迫感。

**3** 〔有用设计一定做〕

**聪明利用梁下空间设计储藏室**　餐厅的面积不小，而利用梁下空间设计为储藏室，可以收纳大量杂物，滑门选用与背景墙同调色系，视觉感不突兀。

④ 有用设计一定做

**一应俱全的多功能玄关** 玄关面积不大，功能却很齐全，有小层架、挂钩与穿鞋椅等，入门可以随手放钥匙、零钱，购物袋有地方挂，空出双手之后，就能好好坐下来脱鞋，整理一番。

⑤ 加分设计这样做

**运用瓷砖增添美感** 厨具中段常用烤漆玻璃，但为了使美感更加分，选用灰色几何图腾的瓷砖，造型特别，又可擦拭清洁，方便维护保养。

**6** 多余设计不要做

**别做取用不便的床头柜**　常见床头柜的下柜设计为上掀式，虽然可以收纳棉被，但因为取用不便，久而久之常被弃置为蚊虫死角。床头柜设计应有取舍，选择好用之处即可，如左右边柜与平台等，舍弃多余设计才能保留空间本质。

**7** 多余设计不要做

**随孩子成长调整房间摆设**　儿童房如同主卧，外墙结构有梁体形成的上下内凹，上凹处理为衣柜，下凹则先放空，放置婴儿床与尿布台等，随孩子成长陆续调整，未来可摆放床与书桌等，即使是青少年时期也能合理使用。

CASE 06

# 三层小宅转折有个性，
# 实现夫妻的美好大人时光

文——李佳芳　空间设计暨图片提供——十一日晴空间设计

## HOME DATA

| **面积** | 89㎡ |

| **格局** | 复式 |

| **使用建材** | 红砖、清水模地砖、实木皮、胶合板、铁件、压花玻璃、木地板 |

| 平面图 |

FLOOR4　　　　FLOOR5　　　　ROOF

 加分设计这样做

**运用家具界定区域**　玄关使用板材加上设计家具界定，墙面再加上大面的镀锌铁板，可以用来留言记事，而外露的金属本色增添个性。

讲究风格感的房主夫妻，购入这户格局特别的大楼小宅，单层面积仅有30㎡左右，但却有垂直三层的空间以及屋顶的露台。在满足育儿生活功能、兼具夫妻放空休闲的需求下，把客餐厅调配在第一层，由个性化铁梯衔接到第二层的卧室区，而第三层则设计为具有隔绝感的大书房，可以自在看书、听音乐、晒太阳，放下繁忙事务，偷得清闲。

在设计上最为困难的是第一层空间，原有厨房位置就在梯下，对于热爱烹饪的女主人而言，明显不够使用。为了替厨房争取更多空间，删除厕所的淋浴功能，让出的梯下畸零角落，则定制一组电器柜，大型水波炉整并其中，并且增加了备餐平台。此外，调整原本开发商附赠的一字型厨房，重新把冰箱位置规划进去，并增加了女主人梦想的小中岛与吊架等，在极限空间打造出理想厨房。

客厅部分，与玄关交界使用爱乐可胶合板筑半高墙，搭配北欧品牌String的收纳配件，打造出具有展示效果的鞋架。这里没有电视墙与电视柜，而是以投影机代之，平时可以收起隐藏，让屋外风景自在流入。另一端，营造小房间概念的餐厅，把最漂亮的角窗留给家的重心，特别挑选了薄石材面板的餐桌，加上自然光线的辅助，可以轻松拍出料理美照，为女主人的图片分享添色不少。

③ 加分设计这样做

**加入房主精挑细选的战利品** 经常出国的房主十分喜爱当代设计，在设计师的美感统合之下，把房主喜爱的设计组织成工业感风格，每一盏灯、家具，甚至时钟，都是房主精挑细选的战利品。

④ 加分设计这样做

**利用梯下空间增加收纳** 厕所删减了淋浴功能，为厨房增加了梯下空间，木工定制的柜体把收纳发挥得淋漓尽致。

**以油漆创造仿旧砖墙收纳柜**　因为重做卫浴，墙壁刻意突出成为内嵌收纳柜，并且可以用来隐藏管线（最底层木板部分），而砖墙利用油漆制造出仿旧的感觉，成为空间风格的重点元素。

**6　加分设计这样做**

**保留角窗，让阳光自然洒入**　小房间概念的餐厅，保留最漂亮的角窗，利用建筑墙凹设计为内嵌柜，成为餐桌漂亮的背景，满足女主人拍美食照的需求。

(7) 加分设计这样做　　**扩大更衣室空间，满足收纳需求**　第二层格局更改浴室开口，使主卧卫浴成为两个房间共用，并且能扩大更衣室的空间，可以放入完整的衣柜，而畸零的长走道则设计开放式的横向吊挂，满足房主的收纳需求。更衣室使用压花玻璃铝框横推拉门，兼具采光与视觉美感。

(8) 加分设计这样做　　**以油漆色彩的变化增添卧室趣味**　主卧室的空间较为单纯，利用油漆色彩的分割效果带来视觉变化。不对称的床头吊灯增添了乐趣，这也是房主夫妻喜爱的设计师单品。

(9)(10) 加分设计这样做　　**整洁利落的阅读、娱乐空间**　第三层空间为夫妻的"大人时间"，设计以娱乐、阅读为主，重新铺上灰色系地板，加上宜家系统书墙设计，整体利落有型。

CASE 07

# 大胆配色的色彩计划，
# 特调的家甜而不腻

文——陈婷芳　空间设计暨图片提供———叶蓝朵设计家饰所

# HOME DATA

| 面积 | 63㎡
| 格局 | 2室2厅1卫
| 使用建材 | 橡木贴皮、松木集层板、黑铁烤漆、冲孔板烤漆、铝窗拉门、人造石、西班牙俪仕瓷釉

| 平面图 |

① 加分设计这样做　**家具、地毯灵活搭配**　客厅重点在于软装活动家具配置与电视墙上的层板，湖水绿沙发、黄色地毯色彩灵活搭配，加上整体木质清爽风，空间感比较耐看。

"若身处一个全白色的屋子，我可能会崩溃吧！"房主凯西笑着说。"红配绿也可以！"房主对大胆用色接受度之高，连设计师都不免感到诧异。因此设计师尝试了许多不同材质与色彩计划，呈现出专属于房主夫妻满屋子缤纷又和谐的特调。

由于这是一间10年的二手房，原始房屋情况条件不佳，大部分费用都用在老房重整上，动线几乎是打掉重整，柜体形式采取软装设计，而省下过多的硬体家具设施。走廊空间留给餐厅使用，让喜欢下厨的女主人充分享受属于她的美好时光，主卧的回字型走道为整个空间的亮点，不仅让动线更为流畅，也是夫妻俩喜欢的巧思之一。

考虑房主夫妻俩的生活习性，一张书桌放在沙发旁，可以边看电视边用电脑，比较符合他们的需求，如此一来，便不必配置一间独立书房空间。主卧简化了卫浴空间，多出梳妆台及更衣区功能，原本不在计划中的猫咪，也有了活动式书柜当作猫跳台，成为玩耍空间。

整体色彩规划从墙面漆料、柜体配色到软装，都是彼此相呼应，卧室的湖水绿主墙与客厅沙发里应外合，厨房的明黄壁砖与卫浴的门框、客厅的装饰地毯，创造色彩相互协调性。在定下了各区域调性后，其余空间即以白色及浅色木质来留白，并以少量的黑色点缀，来平衡整个空间的重量，就算小面积也能多姿多彩，整天被色彩环绕住，好舒服、好放松。

②　③　有用设计一定做　**铁架与木板形成穿透书架**　活动式书架配置在主要走道动线上，以铁架搭配木板设计，让空间具有穿透性，而不显得笨重呆板，后来房主养猫，书架就成了现成的猫跳台。

④　有用设计一定做　　**是拉门也是穿搭镜**　更衣室关上拉门时，变成一面穿搭镜，拉门打开就是一个回字型通道，动线比较顺畅，空间也更有层次感，并将衣柜与梳妆台功能整合于同一侧。

⑤　有用设计一定做

**多功能展示家具**　主卧房门一打开，湖水绿主墙带来放松疗愈的舒适感，原本床尾衣柜重新配置之后，墙面设置一个展示小平台，可以放书、画和挂包包。

**⑥ 有用设计一定做　开放式层板让工具一目了然**　女主人热爱下厨，喜欢的厨房设计是工具都放在随手可得的位置，明黄壁砖上的开放式层板，冰箱旁的冲孔板，完美呈现美味关系。

**⑦ 加分设计这样做　利用角落藏杂物**　电器柜配置在中岛旁，厨房比较杂乱的物品和电器全部收置在角落，不但提供充裕的收纳空间，又巧妙利用视角，完全看不见柜体的存在。

**⑧ 加分设计这样做　墙面设计巧思**　客厅窗户旁边加上一小扇透光窗，让墙面表现更显灵活，客厅与卧室互相透光而不透影，保有卧室的隐私感，也为客厅窗边的书桌引入充足的采光。

**⑨ 加分设计这样做　应用畸零空间**　卫浴滑门一拉开，映入眼帘的是漂亮的西班牙花砖，并将洗手台改在入门左侧，闲杂物品可以收放在角落，马桶上方多了一个置物柜，保持空间整洁又不压迫。

CASE 08

# 无印风亲子宅，
# 书写"家"的故事内涵

文——陈淑萍　空间设计暨图片提供——森叁设计

# HOME DATA

| **面积** | 99㎡ |
| --- | --- |
| **格局** | 3室2厅2卫1储藏室 |
| **使用建材** | 威尼斯特殊涂料、KD木皮板、铁件、磁性黑板漆、长虹玻璃、板岩地砖、木地板、柔纱卷帘、百叶帘 |

| 平面图 |

① 加分设计这样做　　**空间内涵，取决于家人对生活的期待**　将隔间拆除，使公共区完全开敞，作为家庭活动核心。天花板锁上两组吊钩，可以悬挂秋千或健身吊环、瑜伽弹力绳，根据使用者不同的活动形式，赋予空间不同的灵魂与内涵。

　　"孩子的成长历程，童年就那么一刹那而已！"深知亲子的紧密关系无可取代，于是，脑海里关于"家"的种种美好规划，便以孩子的需求、家人的互动作为设计蓝图。

　　原有的四室改为三室，打掉一面隔墙，将空间释放，让开放式的客厅、餐厅兼书房区域更显宽敞。公共区成为家庭的活动核心，并以书房为主、客厅沙发为辅，尤其两者中间的区域，包覆着来自家人对生活不同的需求期待，悬挂一座秋千，这里是孩子的游乐区；吊钩改挂拉环或瑜伽弹力绳，这里又变身成为爸爸妈妈的健身运动场地；又或者，让空间完全留白，可以随兴发呆、或走或停，甚至席地坐卧，根据使用者的活动，赋予空间灵魂与内涵。

　　为了让"人"成为空间主角，因此在设计时减去不必要的华丽装饰，改用天然的木头、板岩砖、手感涂料，衬托空间的质朴人文气息，同时也让视觉看起来更清爽，没有负担。譬如餐厅兼书房，只有木质书柜、木质挂钩和窗外绿意，没有其他多余摆饰；天花板仅以自然木纹修饰部分大梁，不另做间接照明；电视主墙则是采用威尼斯特殊漆，以手工镘抹后拍打上色，呈现手感柔和又不呆板的细致质感。除了用天然的建材营造家的舒适温暖之外，也运用黑板墙，让空间与人保持"互动"，通过孩子与家人的留言涂鸦，随手留下生活印记与成长轨迹，成为"家"中最美的那道风景。

（2）加分设计这样做

**手工镘抹灰墙，呈现质朴人文感**　电视主墙采用威尼斯特殊漆，由艺术技师现场以手工拉批镘抹出不规则的纹路肌理，干燥后再用海绵拍打上色，质感柔和细致。下方电视柜则采用木层板，使收纳柜体轻量化，搭配黑色门板与隔板作为局部点缀。

（3）加分设计这样做

**隔门、吧台、层板，木的各种不同应用**　灰色主墙旁的通道，是连接三间卧房的入口，以至顶的木质拉门设计，淡化"门"的界线，打开时能将门板隐藏进灰墙之内。白墙转角，则用木质板材打造了一个简易小吧台，上方木作设计白色洞洞板，配合插销和层板，扩充出吊挂与展示功能。

 有用设计一定做  **隔间凹面打造柜体、凸面作为黑板墙**  玄关与厨房分界，通过"柜体墙"作为隔间，凹面内置柜体，凸面则作为涂鸦留言墙，空间左右互补搭配。

⑥ 有用设计一定做  **天光相伴，共享书香与饭菜香**  将空间中最大开窗的地方留给书房，让自然光为家增添一份书香与木香。这里是家人阅读、交流、用餐的地方，书柜旁边的单椅角落，则是预留给女儿们未来练习弹钢琴的地方。

 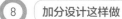

**拉左移右，玄关、厨房门板共用**　进门玄关、木格栅天花板与月球表面般的板岩地砖，仿佛将人带进自然里。铁件与长虹玻璃打造的门板，通过左右横移，可让玄关与厨房共用。

**日式和风的主卧收纳**　收纳衣柜为整片落地滑门，内部不做抽屉，而是锁上一长条吊衣杆，保留完整大空间，搭配无印良品的活动式收纳格柜，可自由依照需求调整收纳的堆叠排列方式。

CASE 09

# 休闲居家简单生活，
# 俩人与猫的日常对话

文——陈婷芳　空间设计暨图片提供——奕起设计

## HOME DATA

**|面积|**　106㎡

**|格局|**　2室2厅2卫

**|使用建材|**　樱桃皮、木纹砖、超耐磨木地
　　　　　　板、大理石马赛克、六角砖

**|平面图|**

①　**有用设计一定做**　　**随书籍自由变化书柜大小**　活动式书架作为主墙设计语汇，设计师利用五金架手支撑层板，墙面线条简约，相较制式书架富有弹性，可随书籍增加而延伸层架变化。

　　一对年轻夫妻和五只猫咪的日常对话，画面应该是简单而温馨，还有些毛小孩的慵懒带来生活的写意，但在一个房龄15年的二手房里，三室两厅的传统格局限制了生活的想象，实际上也不符合房主生活形态，于是格局重整成了首要任务。

　　设计师整合后使生活主要活动空间极大化，客餐厅完全开放，并与书房连接，引入采光与通风，除非是建筑结构不可避免的凹口或墙面隔间才做固定层板，基本上均以活动式家具或可调整的壁面系统，让软装得以弹性活用，并创造留白的空间感。

　　客厅选择懒骨头替代传统沙发，使用上收放自如，维持空间的开阔度，同时能兼顾家中宠物清扫维护的便利性。书架则利用墙面或边柱，收放大量的藏书与光盘，客厅书墙使用五金架手支撑层板，壁挂系统可随书籍增加而配置层板需求，大型杂物与零碎生活用品都收纳在储藏室。

　　年轻房主偏好简单、清爽、干净的休闲居家风格，白色调为主要空间色彩，木质家具色系加以点缀，卧室选用深色床头背板，橱柜也挑选蓝色布纹面的系统家具，借由强烈的色彩带来空间立体感，结合年轻房主本身别具个性的生活品位，餐桌的吊灯、书桌的台灯，色彩活泼的灯具设计感，在整体素净空间营造出画龙点睛的效果，减法生活从心开始，少即是多。

**②　加分设计这样做**

**巧妙运用畸零空间**　利用建筑物原本的管道间与新隔间，制造一些凹口墙面提供收纳空间，满足房主收放藏书、光盘的需求，书房拉门平时打开时，更有放大小面积的空间感。

**③　加分设计这样做**

**点缀壁灯，让厨房更具巧思**　厨房采用白色铁道砖，搭配蓝色布纹面的系统家具，有了较为立体的色彩呈现，并加上一盏壁灯巧妙点缀，让厨房增添活泼的小巧思。

④ 有用设计一定做

**运用层板形成猫跳台** 依照原始建筑体结构本身的墙面凹口，正好在窗户旁利用层板延伸成猫跳台，并做了半掩饰的门板，让猫咪可以躲猫猫。

⑤ 有用设计一定做

**活动家具更能适应生活** 书房主要都是活动家具组成，书桌选择圆桌搭配设计感台灯，仿佛享受着咖啡馆的悠闲氛围，窗边的木作平台则是为了猫咪设计的活动空间。

⑥　加分设计这样做

**蓝白相间营造空间立体感**　由于卧室的衣柜、灯具、窗帘都是白色，设计师在床头背板选择深蓝的强烈对比色，从走道看过来，端景墙瞬间产生空间立体感。

⑦　加分设计这样做

**浴室搭配质感单品，彰显风格**　卧室卫浴因仿大理石材壁砖色彩素朴，选配造型特殊的浴镜，利用设计感单品点缀朴质空间，洗手台采取悬空配置，正好可以放置洗衣篮，符合使用需求。

# 向光生长的家，
# 为孩子打造快乐童年

文——曾令愉　空间设计暨图片提供——禹乐空间整合

## HOME DATA

**| 面积 |** 165 ㎡

**| 格局 |** 4 室 2 厅 4 卫 + 车库

**| 使用建材 |** 耐候涂料、实木皮、铁件、
超耐磨地板

| 平面图 |

1

**① 多余设计不要做　不做过多的柜体收纳**　将空间化繁为简，纯粹的白色与温暖的木质交织，利用充足而不过多的柜体收纳生活杂物，回归最单纯的清爽家居。

　　本例是一栋房龄40年的老透天厝（二层楼房），房主夫妻为了给两个孩子更宽敞的成长环境，选择从大楼公寓搬到这间透天厝。此次装修主要是针对房屋情况过于老旧进行重整，加上老房有着传统街屋狭长又阴暗的缺点，采光、通风、结构、隐私性与噪声等问题都需要改善；同时，房主也希望借此机会改造整体空间风格，期待尽可能明亮而宽敞，并且为孩子营造舒适的阅读空间，让家更符合一家四口的生活形态。

　　回归空间的生活本质，设计师决定以改善采光作为格局改造的核心，首先将位于楼梯下方却刚好挡住前后院采光与通风路径的卫浴挪移至空间底部，并且以穿透式楼梯取代原本的封闭梯间式设计，让空间开阔且通风。而在格局调整上，则跳脱传统厅房格局严格划分的观念，采取开放空间的态度，从玄关、客厅一路延伸至餐厨区，通过巧妙的层次设计，让空间在开放之中又具有层层递进的秩序性。而楼梯下方原本被卫浴占用的阴暗区域，则反而成为最明亮清爽的角落，设计师利用清玻璃隔间让此区域与充满绿意的后院相容，并将此处改造为亲子阅读区，同时赋予收纳书本的实用功能。

　　试想这样的生活情境：孩子放学回家，不必再躲避空间的杂物与边角，背着书包穿过宽敞的客厅，蹦跳奔向在厨房忙碌的妈妈。夕阳西下，从小院子即可感受到日光逐渐变化与推移，而妈妈可以一边准备晚餐，同时陪伴孩子在中岛餐桌上写作业，一起等待爸爸下班吃饭。家的样子，不正是该这样向光生长？

**2** 加分设计这样做

**舍弃传统封闭隔间**　运用开放式设计引入满满阳光，一洗老屋陈旧的印象，开始崭新生活。

**3** 有用设计一定做

**重整格局，放大居家空间**　楼梯下方原被卫浴占据，是整个空间最阴暗的地方；经过格局重整、移开卫浴后，反而成为全家人最喜欢的小角落。

④ 加分设计这样做　**以清玻璃为墙，让阳光洒进来**　后院以清玻璃取代实体隔墙，为空间内部带来采光，同时也能在室内观览绿意造景，在这里读书写作一定灵感满满！

⑤ 有用设计一定做　**整合墙体与收纳功能**　为了腾出最大的室内空间使用地面，设计师将收纳功能与墙体整合，并运用弹性拉门，营造更灵活便利的使用空间。

6

6　有用设计一定做　**是楼梯间，也是亲子共读角落**　将楼梯间结合书柜设计，加上与户外绿景相对，让原本只是过道的楼梯间也能成为亲子共读角落，创造无处不在的幸福感。

# 多余设计不要做

装修之前要先理清自己与家人的真正需求，别在空间硬塞未曾使用过的功能或装饰设计，依需求配置功能设计，若无法满足需求则不建议做；装饰设计则建议局部施作，达到装点效果即可。

# 回归空间本质的设计手法

居家装修是一种个性化需求，无论风格或功能都可能因人而异，然而，新手房主就像第一次谈恋爱般手足无措，加上关键时刻总有长辈、好友、同事等"专家"在一旁热心指点，结果往往是该做的做了，不该做的也做了，最后造成不少资源浪费。

图片提供 _ 森叁设计

事实上，装修并非做越多越好，尤其是空间与预算都有限的小资族群，更该把钱花在刀口上，因为回归空间本质的设计手法才是装修新时代的重点，掌握能省则省、该留就留、太花哨别做的原则，用适度设计达到提升居住品质与生活品位的目标。

### 👉 手法1 ｜ 可用的天花板、地面不要动

　　天花板与地板因面积大，常是预算占比上的重要项目。所幸除了毛坯房外，一般新房交房时地板与天花板均已完成，建议装修时可尽量保留或局部变更即可。二手房虽多有现成的天花板和地板，但房主应先评估，若可用也可保留，不但可节省一笔装修费，也可省下不少拆除费用；不过值得注意的是，天花板和地面工程应合并考虑管线问题，还需要做专业评估。

图片提供_一水一木设计工作室

# TIP1　天花板如果没有杂乱可不做梁线

图片提供 _ 威枫设计工作室

**管线沿着墙壁走**

二手房在拆除旧天花板后可检查，梁线如不杂乱，可采用裸露式管路沿着墙边拉线，呈现出率性工业风格。通过墙色与可调整位置、角度的轨道灯，同样可为居家营造出温暖的气氛。

↖ SIMPLE

沿墙面走的管路不显杂乱，突显细节设计。

**巧妙将大梁作为区域定位线**

考虑房内的空间高度稍低，为避免压低房高会更有压迫感，决定不包天花板，且配合客厅与餐厅的分区将大梁转化为两个区的分隔界线，管路则整齐安排，让天花板可尽量简化。

SIMPLE ↗

为了让空间更简约，可借梁线来定位空间，且整齐管线也很美观。

图片提供 _ 一水一木设计工作室

## TIP2　花哨复杂的天花板不要做

图片提供 _ 一水一木设计工作室

简约天花板更耐看

过于复杂的天花板往往多花钱却无实质功能，因此即使要
做天花板也请避免花哨设计，重点在遮丑、维持整齐，可
采用局部装修手法，搭配局部保留天花板可展现房高与空
间感。

↖ SIMPLE

餐厅若无房高需求，可将天花
板结合嵌灯做包覆。

图片提供 _ 一水一木设计工作室

简洁设计放宽了空间感

狭长格局的空间采用现代简约的设计风格，在天花板上除了必要的空调风口与间接光源，几乎没有任何装饰性设计，展现出清爽空间感，在客厅也采用嵌灯设计，避免灯饰干扰天花板。

↖ SIMPLE

素净天花板仅有必要的灯光与风口，不做其他多余设计。

## TIP3  地板没有破裂、翘起先不做

图片提供 _ 一亩绿设计

**地板状况分区检查，预算更灵活**

新房地板建议都可保留，而二手房地板状况若不差也可保留，如此可省下拆除原地板与重铺新地板的两笔预算。另外，建议将客厅与房间分区检查处理，如客厅损坏换客厅即可，让预算更灵活运用。

↖ **SIMPLE**

二手房地板更新，建议采用分区检查评估换新，更换损坏区域即可。

图片提供 _ 一亩绿设计

**地板出现明显瑕疵就该换**

地板重做与否取决于是否有明显瑕疵，如瓷砖拱起、木板翘起或受潮、虫蛀等破损严重，如果要换成木地板，也可检查原瓷砖或水泥地，若是地面平整，也可不用刨除，直接铺木地板。

↖ SIMPLE

原地板若平整，可省去刨除工程，直接铺木地板。

## TIP4     不必要的照明不要做

图片提供 _ 禾禾设计

### 以自然采光为主，间接照明为辅

照明规划的重点主要为明亮、气氛营造与装饰性，直接照明可提供亮度，间接照明则酝酿放松的空间感，至于主灯则能强化风格。配置时可依序来决定比重，预算不足时尽量减少装饰性设计。

### ↖ SIMPLE

沙发旁以抛物线立灯取代主灯，同样有装饰效果。

图片提供 _ 一水一木设计工作室

## 小空间可用餐桌灯取代客厅主灯

传统客厅会安装主灯来确认空间主从关系，但小面积住宅
建议客餐厅只需选择一个区域安装主灯即可，如案例中运
用餐厅吊灯取代客厅主灯，不仅餐厅有温暖感，客厅也会
更显宽敞高挑。

↖ SIMPLE

多余的装饰灯不要装，利用餐
厅吊灯取代客厅主灯，还能让
空间更显宽敞。

## 👉 手法2 │ **不适用的功能不要做**

新手装修的误区之一就是"有备无患"，但过来人都知道，通常备用功能都是多余的。常见的有保留客房、独立书房、视听室，或是将过多空间拿来当作未知用途的收纳柜，并非这些设计不好，而是预算及资源有限时应更慎重评估，客房或书房若使用频率不高应省略；另外，硬做过大、过多的柜体也不实用，反而容易压缩生活空间或动线，让空间感大减。

图片提供 _ 十一日晴空间设计

## TIP1　依使用习惯规划柜体

图片提供 _ 知域设计

### 太多或太深的柜子不好用

柜子并非越多越好，勉强将转角或过高的区域都设计成收纳柜更是不恰当。主要因为转角柜通常过深，取物不容易，过高的柜子也一样，若一定要做，则应搭配转盘或下拉五金做辅助。

↖ SIMPLE

电视墙不做满橱柜，局部留白设计更清爽。

图片提供 _ 禾禾设计

### 适度留白的层板墙更漂亮

别将餐柜扩大成为餐厅主墙柜，餐桌旁只需一个斗柜，加上层板与简单有型的瓶罐摆设，以适度留白创造更多生活美感，让回家就像是走进特色餐厅一样充满质感与生活美学。

← SIMPLE

鲜明色彩的饰品点缀是白墙最佳搭档。

## TIP2    立面设计尽量保持单纯

图片提供 _ 禾禾设计

### 通过实用设计也能创造风格

如果居家装修不是用来炫耀风格的，那么立面设计是否应重新思考复杂装饰的必要性呢？电视主墙真的需要大面石材或是木作包覆吗？其实通过实用设计或简单橱柜也能创造风格！

↖ SIMPLE

意大利漆作搭配烤漆线条整合墙门，放宽电视墙。

### 用墙色或活动式装置取代固定装修

漆作是高效的装修手法，除价格便宜外，更换色彩也容易，因此，可多利用色彩在墙面创造设计感；也可运用造型挂钩、洞洞板等活动式装置取代固定装修，让立面具有灵活性。

← SIMPLE

双色漆墙与挂钩装饰让墙面不单调，有质感。

图片提供 _ 禾禾设计

## TIP3　别硬塞用不到的功能或装饰设计

图片提供 _ 知域设计

### 减去多余的无用设计

对无法另辟更衣间的居室，墙面是收纳设计的重点，但过与不及都不好。建议先以纸笔记录并分类自己的收纳需求，别硬塞用不到的功能，能留白的立面也别做太多装饰设计。

↖ SIMPLE

电视侧墙以层板与植物取代橱柜，增加舒服端景。

图片提供 _ 禾禾设计

## 立面设计最好具有多元弹性

家也会随着生活一起成长，如果一开始就将立面做满固定橱柜，日后可能反而受限，除了木作柜，也可考虑以市售的活动家具取代，依据现阶段需求来挑选，未来要更换也较容易。

↖ SIMPLE

用活动家具取代固定木作，立面留白更舒服。

TIP4  **保持客厅通道畅通**

图片提供 _ 一水一木设计工作室

**精致取舍客厅家具**

小宅因空间不大，因此在家具的配置上更要有所取舍，客厅内除了不要购买过大的沙发外，也可考虑省略茶几等配件，尤其是有小孩的家庭，应尽量保持客厅通道的畅通，以避免不便。

↖ SIMPLE

可运用轻巧脚凳取代沙发，或者运用边桌取代茶几。

图片提供 _ 一水一木设计工作室

**平台取代沙发创造灵活座位区**

小客厅无法放太多家具，但座位区仍不足者可利用窗边做架高平台或坐榻来满足，坐榻可增加收纳功能，但小空间恐有压迫感，可用矮平台搭配坐垫创造更多可灵活运用的座位区。

← SIMPLE

为了灵活运用空间，架高地板或平台搭配坐垫就可创造座位区。

TIP**5**    不顺手的柜体不要做

图片提供 _ 一水一木设计工作室

**别做只收不能用的禁闭柜**

橱柜从地面直达天花板好像可容纳更多东西，但可以储藏
更多物品的高柜却常因不好拿取，而让里面的东西仿佛失
踪，再也不会拿出来用，结果变成只收不能用的禁闭柜，
反而是浪费空间。

↖ SIMPLE

不如将不顺手的区域开放，做层
板柜或留白，让空间更有弹性。

图片提供 _ 知域设计

**层板与小道具省装修换来更多风景**

家不一定要数十年如一日，善用洞洞板或可移动式层板设计，让墙面可以随着换季或是节庆来变化出不同的装饰，即使做收纳也可以根据不同物品来做高度的调整，让立面墙有更多不同的作用。

↖ SIMPLE

半高柜搭配可移动式层板，给家更意想不到的风景。

## TIP6    大型柜体减少做

图片提供 _ 知域设计

### 采用悬空或不加门板的设计

在做大型柜体前要多想一下，首先不同类型的物品都集中一起收纳合适吗？柜子尺寸是否合适？其次是柜子会不会对空间造成压迫感？为避免让家里显小，可采用悬空或局部不加门板的橱柜设计。

### ↖ SIMPLE

悬空设计可让墙柜感觉轻盈，避免空间显小。

图片提供 _ 知域设计

## 卧榻式收纳取代墙柜更好利用

小空间若真的需要大容量的收纳柜，也可考虑以卧榻式收纳取代墙柜，同样可以放置大量的物品，而且对于空间的压迫性较小，而立面则可做轻松的摆饰与局部层板设计。

### ↖ SIMPLE

开放的层板墙柜没有门板，可以避免空间被压缩。

## 👉 手法3 ｜ 过多的装饰就别做

　　需不需要装饰性设计的确是见仁见智，但小住宅仍应以实用设计为优先，造型装饰设计为辅，避免装饰性过多而喧宾夺主。常见的主墙设计以大量木作或石材装饰设计，费用高，也容易造成视觉压迫感。此外，为了某种风格硬要做的装饰元素也会造成格格不入的感觉，例如古典线板、过多木作，应避免太多装饰，导致空间被切成好几个区域，少了应有的留白。

摄影 _ 王正毅

减少过度装饰的墙面

图片提供 _ 一亩绿设计

### 以漆作墙面取代多余装饰

装修主要目的在于追求更完善的生活功能，因此，过度装饰易沦为画蛇添足。墙面装修重点应以满足功能为主，依个别需求考虑影音观赏、收纳需求以及畸零格局的调整修饰。

### ↖ SIMPLE

因空间深度问题，以漆作墙面取代多余装饰。

图片提供 _ 一水一木设计工作室

**挂画取代装饰造型也可以**

如果不喜欢过于单调的墙色，可以挑选特殊墙色来做装
饰，若仍担心墙色会太过显眼不习惯，也可以选择与空间
风格相符的挂画来装饰墙面，就算过一段时间不喜欢还可
更换。

↖ SIMPLE

用餐区可挑一幅色彩鲜艳饱和
的挂画，较能增强食欲。

### TIP2   空间结合过多风格太缭乱

图片提供 _ 贺泽室内装修设计

**家具与空间的相辅相成**

统一风格并非设计中最重要的事，混搭风也很棒，但要注意同一空间若结合过多风格容易显得缭乱！案例中将裸露管线与北欧风木橱柜、家具并陈，再通过得宜色彩调和而有独特性。

↖ SIMPLE

漆白管路略显收敛，在北欧风空间也不突兀。

**掌握原则混搭不乱搭**

混搭设计应掌握色调主从关系，且同一空间尽量不超过三种风格为宜，案例以无印风木皮搭配水泥平台，再加上粉红色漆墙，三种看似不同风格的混搭，却因为有相似的低彩度而契合。

← SIMPLE

低彩度的灰色、粉红色、木皮糅合出温暖混搭风。

图片提供 _ 一亩绿设计

## TIP3    每个空间都要使用成套家具吗？

图片提供 _ 贺泽室内装修设计

### 不成套的家具配置更有个性

早期家具店会以成套家具推销，但随着房主对于室内配置
越来越有主见，居家使用成套家具比例大减，若空间够
大仍可选择同款不同色，依空间长宽比与座位需求来选配
家具。

### ↖ SIMPLE

灰色主沙发配蓝色单椅比成套
家具更显轻盈放松。

图片提供 _ 贺泽室内装修设计

客厅不用被3+2+1的成套家具绑架

如果客厅空间不大，就应放弃传统成套家具的配置，改以
双人或三人主沙发，再选搭单人椅或椅凳灵活应用，同时
单椅也不需要同款式或同色系，可借单椅来做跳色设计。

↖ SIMPLE

除了沙发不限于成套，不同色
的餐椅也能让餐厅更活泼。

## TIP4    窗帘与家具不成套也无妨

图片提供 _ 一亩绿设计

### 找出沙发与窗帘的共通点

布艺沙发与窗帘采用同款布料设计可以让空间更有整体感，但这样的原则却非定律，不成套设计有时反而能够创造更多层次感，重点是两者有没有共通点，比如椅脚与布艺帘的木质成为共同细节。

↖ SIMPLE

欧风木百叶帘与丝绒蓝沙发虽不成套，但极契合。

图片提供＿贺泽室内装修设计

从空间中寻找窗帘最佳色系

最好的装饰就从功能设计做起，窗帘正是集功能与装饰的
重点设计，从窗帘材质、光泽到图案、色系搭配都能为空
间创造风格。而最关键就是色系，可从墙色或主家具中找
出重点。

↖ SIMPLE

同色系的粉红墙色与藕紫色窗
帘展现和谐梦幻感。

## TIP5　避免过度使用混合材质

图片提供 _ 一亩绿设计

### 以同色系的异材质做变化

材质的选用除了能给不同区域最佳的功能，其质感差异也可创造出空间层次感，同样是设计需要重要考虑的。但同一空间若过度使用混合材质的手法却易造成没有系统性，缺乏整体感。

↖ SIMPLE

天花板与墙面以同色调的异材质来做出变化。

图片提供 _ 一亩绿设计

**太多色系容易让空间显脏乱**

材质与色彩计划均应有主从关系，例如以水泥墙、地的颜色为主调，搭配木作来调节空间温度，呈现双色主轴，配件则选择橘、黄抱枕呼应木皮色，至于绿色窗帘可衬托水泥质感。

↖ SIMPLE

确定主色后，配件以主色的相邻色或对比色为首选。

# 有用设计一定做

所谓"有用设计"是指能解决、改善生活中的不便，甚至是必须使用到的设计、功能、设备等，既然能解决问题、适应生活，那么在装修时就得优先考虑且一定要做。举例来说，先天空间条件没有采光优势，便可借助后天设计的巧思，找回空间感及满屋的采光。

# 让有用更好用的设计手法

　　所谓"好的设计"很主观，再多、再美的设计不一定适合自己，但要打造住起来轻松舒适的家，仍有一些准则是在装修前可以事先留意的部分，这些设计上的重点，能让空间达到最有效的运用。譬如"动线隔间"的配置，影响空间中移动是否顺畅；好的"灯光安排"，能满足家人的照明要求，也能为空间氛围加分；良好的"收纳规划"，能往上往下发展，为家中争取储物空间；"复合多功能"或暗藏玄机的

图片提供 _ 非关设计

"隐藏功能"，则能通过聪明多元的运用，提升空间使用率；"替代材质"的运用，则能在不牺牲设计质感之下，节省不少装修费用。

　　虽然空间面积是固定的，无法变动，但通过有用、好用的设计，能贴近使用者真正的生活所需。想一想，列出哪些设计是必须要做？哪些是需要？哪些是想要？在有限的预算中，将费用花在刀口上，打造出自己心目中理想的"家"。

## 👉 手法1 │ 动线隔间非做不可

　　不论是大宅或小房，打造出舒适空间的秘诀，"动线"与"隔间"规划绝对是重点！动线的安排，关系到空间中的移动路径是否顺畅；"隔间"则和是否能将空间分割出合适使用形态、不造成空间或走道的浪费息息相关。

　　每个空间单位考虑其使用频率，再来安排合适的动线序列，决定开放、封闭或半开放等隔间形式，找出最符合自己与家人生活使用需求状态的形式，安排得宜，甚至能达到放大空间、将空间面积使用极致发挥的优点。

图片提供 _ 非关设计

**双面动线提升空间使用率**

图片提供 _ KC design studio 均汉设计

图片提供 _ KC design studio 均汉设计

**提高错层空间使用率的双向利用**

46㎡的小型住宅，以高低、错层方式分割切出各不同空间单位，其中，位于二楼夹层区的卧室，以灰色半高柜提供安稳的床铺靠背，后方并可作为更衣室的衣物层架收纳。

↖ **USEFUL**

夹层区的卧室高度，特别针对房主身高设计，双面动线的半高墙柜除能提高空间使用率之外，也让小空间不感觉到压迫。

**双向床头柜，圈围卫浴与更衣空间**

白色半高石材柜体，打造出双面可用的多元功能。床头侧以内凹设计出插座与放置手机、书籍等小物平台，背后则延伸成为盥洗与化妆台，不需门板或另设走道，便能与衣柜圈围出独立的更衣空间。

**USEFUL** →

盥洗台的出水口，通过悬吊镜柜配置管路，使石材柜体中段通透净空，营造轻盈视觉感。

图片提供 _ 森境+王俊宏室内设计

# TIP2    电视墙隔一半，空间立刻放大

图片提供_北鸥室内设计

图片提供_北鸥室内设计

## 分隔出功能小书房的矮墙

白色半高电视墙有如隔屏般将空间划分为客厅与小书房，
不完全封闭，维持上方通透，使视觉延伸不压迫。地面则
通过木质与花砖，强化内外；同时，通过局部木质天花板
与灰墙，运用材质、色彩拉深空间层次感。

## ↖ USEFUL

电视柜侧边以白色木作短墙包
覆，增加稳定度，上方斜切一小
角，让空间看起来活泼不呆板。

图片提供 _ 十一日晴空间设计

### 让空气穿流、视觉通透的灰阶趣味

灰色，在色彩上是黑与白的中间地带，一如这座电视半高墙，作为客厅与书房的过渡，使目光有所遮蔽不致一眼望穿，又能维持室内整体的通透。墙下方挖凿一条带状凹槽，作为视听用品收纳，结合铁件材质打造深浅不同的灰阶趣味。

### ↖ USEFUL

灰色块体每个面皆具有收纳功能，侧边为收纳格柜，背面则为书桌与层柜。

TIP**3**　是屏风又是柜体

图片提供 _ 寓子设计

图片提供 _ 寓子设计

**当黑白相遇，如同昼与夜的对映**

通过黑白色铺陈的空间，入门玄关屏风式柜体，如同黑夜与白昼般，塑造简洁有力的时尚风格。正对大门的黑色开放柜，可作为屏风与收纳展示工艺品之用，悬吊形式则能增加些许轻盈。

**← USEFUL**

黑色展示层架内部以不规则多边形增添变化；背面则采用磁铁板材质打造，可供留言或创作。

图片提供 _ 路里设计

**善用屏风柜，创造通透空间交流动线**

进入主卧前会先经过更衣室走道，入口处运用收纳柜作为屏风，可以阻挡视线直穿，提升私密性。两个收纳柜左右摆放，创造出回字格局，使空间保持内外紧密的交流动线，旁边则结合一个黑网石大理石洗手台，方便整装梳洗。

**← USEFUL**

柜体材质背面为手工涂料，柜体为铁件搭配实木贴皮染色涂装，侧边做成开放层板形式，方便常用物品的储放。

图片提供 _ 路里设计

## TIP4    创造通风无碍的格局

图片提供 _ 北鸥室内设计

### 减少封闭，让家人的对话沟通多一些

拆去封闭隔墙，让家的尺度开放延展，空间转换则以人字拼贴的木地面与六角形花砖地面暗示过渡变化。立面铺陈清浅的淡藤色，中央则降低电视柜比例，改为精简的电视立架，让家人可在不同角落随时互动，维系家的紧密沟通。

### ↖ USEFUL

客厅与餐厅之间矗立旋转电视架，轻巧不累赘，也能从不同座位方向观看。

图片提供 _ 北鸥室内设计

尺度开敞却层次分明的分界台高度

空间以降低高度的矮墙分隔，包括书房的木作矮墙、餐厅的瓷砖矮墙，既能有清楚的分界，又不会将空间零碎切割、变得狭小。单宁蓝烤漆的木作线板矮墙，上方加装木质平台收边，让触觉更为舒服。

↖ USEFUL

圈围吧台的矮墙稍稍提升高度，可遮蔽厨房工作区，避免视觉上的凌乱。转角瓷砖以45°倒角斜切接合，虽然增加了施工难度，但整体更美观。

## TIP5    取代封闭实墙的隔间安排

图片提供 _ 森叁设计

**淡淡乡村风，清透轻松的书房**

书房以半高墙搭配玻璃作为隔间，视线可自由穿透，前后相互引光。灰绿烤漆线板墙与白色文化石砖彼此衬托，散发清新乡村味道。矮墙与玻璃中间，运用木质作为异材质相接的收边，玻璃上方并预留窗帘框，未来也可将书房转为儿童房或客房。

↖ USEFUL

书房拉门同样以清玻璃打造，拉门边框加装铁件，并特别设计了加装软垫的洗槽沟缝，缓减关门时的玻璃碰撞，通过小设计提升安全性。

图片提供 _ 寓子设计

图片提供 _ 寓子设计

图片提供 _ 寓子设计

### 视需求定义为墙体或门板

将客厅后方空间的实体隔墙完全拆除，改以左右拉门取代，这里可以是书房、阅读休息区，需要时也能转为卧室使用。悬吊五金滑轨的铁灰铝质门板，搭配隐约透视的长虹玻璃，关闭时也能维持空间的通透明亮感。

### ↖ USEFUL

市面上各种不同的玻璃材质，譬如普通透明玻璃、竖纹压花玻璃或灰玻璃、茶玻璃、镜面玻璃等，可依据个人的隐私遮蔽需求来选择搭配。

## 👉 手法2 │ 良好采光一定要做

　　舒适的光线安排，不但能满足视觉照明需求，同时还能通过光线强化空间层次、营造气氛，画龙点睛地突显设计感。但由于每个人对于光的感受不同，加上空间功能因用途不同也有着不同照明要求，因此，在设计灯光与挑选灯具时，除了直接照明、间接照明、灯的照度、亮度、色温、功率、照明角度等要计算考虑之外，布局时还有其他影响因素，包括采光条件、格局面积、空间色彩、家具搭配等，综合评估后，才能使灯光与空间设计做出绝佳搭配，调整出最合乎家人需求的采光照明。

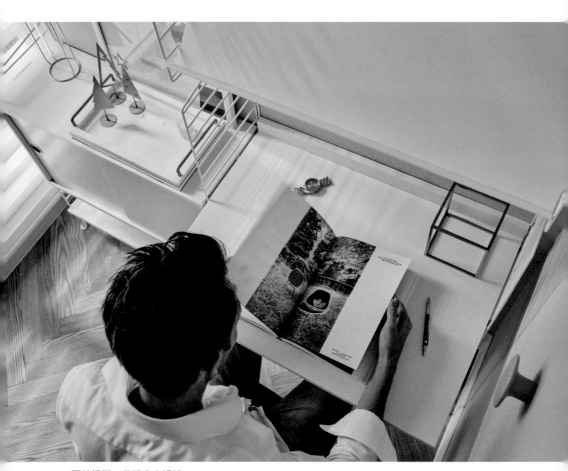

图片提供＿北鸥室内设计

TIP1 ### 从功能性灯光开始布置

图片提供 _ 北鸥室内设计

## 磁吸轨道灯和植物灯

依功能用途，安排配置了一般照明与局部照明。两个垂挂吊灯，为大桌带来充足光线；桌旁立灯，蓝、黑、橘灯罩内采用植物灯泡，为室内植物补充生长所需的全光谱与波长。天花板上的黑色灯盒与轨道灯，则可调整角度，打亮室内或作为间接照明用。

↖ USEFUL

新款轨道灯采用磁吸设计，灯座无电线连接，而是通过轨道与底座磁吸的特殊设计提供电力，换灯泡或调整灯座位置时可直接拆下。

图片提供_北鸥室内设计

**灯序列作为隐性分界，让区域更定位**

入门玄关，一盏橱柜灯照亮夜归人脚步。开放式厨房，通过吊灯线条与金属收纳吊架围出工作区域，吊灯与内嵌灯条的吊架，为夜晚的烹煮强化照明，柔和灯光映照美食，也温暖凝聚家人的心。

↖ USEFUL

吊灯与吊架灯条位置安排于L型吧台上方，不会因背光角度产生阴影。

**运用投射灯、间接灯作为空间过场**

图片提供 _ 北鸥室内设计

**沐浴在疏密变化的光之廊道**

通过木质天花板设计，将灯具隐藏于格栅之内，借助木条过筛光源，犹如天光洒下，形成一束一束的光影序列效果，幽幽灯光衬托使空间氛围转换，行走其间，思绪也跟着慢慢沉淀。

↖ **USEFUL**

廊道前后两端的局部格栅，增添天花板层次感，光束线条同时也有拉高空间比例的视觉效果。

图片提供 _ 禾筑设计

图片提供 _ 禾筑设计

### 不锈钢金属材质反射光影

客厅沙发背后有一条长长的过道，过道天花以金属板打造，上方设计了条状光沟与三角灯盒，产生柔和均匀照明与放射状洗墙灯两种不同光影效果。灰色壁面另外凿刻出L型灯槽，作为灯光的上下呼应。

### ← USEFUL

壁面使用手作漆与薄片砖，低彩度的灰色立面，在光照之下也能有着丰富的细节质感变化。

**TIP3** 自然采光为主，搭配灯光为辅

图片提供 _ 北鸥室内设计

图片提供 _ 北鸥室内设计

**开一扇天窗，让自然光轻洒流泻**

客厅天花板，以白色线板搭配纹理明显的木材质，加上两个天窗的设计，让空间就像是森林里的乡村小木屋，充满自然悠闲情调。天窗与立面高窗援引自然日光入室，白天光线充足，完全不必开灯。

**← USEFUL**

通过四盏嵌灯与沙发旁的立灯、桌灯辅佐，确保夜晚照明均匀且充足。

图片提供 _ KC design studio 均汉设计

**天井日光和照明灯，演绎出明亮好时光**

为了改善传统长形透天老屋内部的采光问题，将天花楼板局部移除，改为用强化玻璃的天井设计，白天时自然天光洒落一室清新，夜晚则由轨道灯、筒灯、吊灯接力搭配照明。

↖ **USEFUL**

餐桌吊灯，电线以卷绕方式固定于实木横梁上，有种随性味道，也方便之后调整吊灯高度。

## TIP4　搭配灯具款式不宜过多

图片提供 _ 北鸥室内设计

**多元光源，也要留意风格调性的掌控**

居家的灯光规划，应避免单一光源模式，最好能以多元的照明形式搭配，创造出符合不同使用情境的灯光需求。但在灯具款式造型挑选上，则不宜过度紊杂，才能掌握风格调性，让美感与照明兼顾。

↖ USEFUL

餐桌上如花火般绽放的吊灯极为抢眼，其他灯款式则应尽量选择低调或风格相衬的产品。

图片提供 _ 北鸥室内设计

**黑色灯具利落线条，风格历久不败**

适度留白的空间背景，搭配设计感浓厚的家具家饰单品，局部黄、红色彩搭配，让人眼睛一亮，也塑造出令人着迷的北欧风格。灯具挑选特别以黑色为主，包括餐桌吊灯灯罩、轨道灯与悬臂灯，色彩与线条简约利落，风格历久弥新。

← USEFUL

悬臂式灯具，照明的延伸移动范围较广，使用上具有高度自由性与变化性。

### TIP5　运用灯光铺陈睡眠氛围

图片提供 _ 禾筑设计

图片提供 _ 禾筑设计

**床头间接灯，柔和、疗愈、减压**

蓝色系卧室墙面，搭配白色床头矮墙，营造出清爽轻松的睡眠氛围。白色床头墙内藏间接灯光，光线由下往上均匀柔和地打亮，卧室不产生暗角，空间视觉看起来更舒适、更放大。

**← USEFUL**

白色木皮床头矮墙边缘以金属板收边，多了线条层次感。此外，金属反射也能使灯光照明度效果更佳。

图片提供 ＿北鸥室内设计

**争取台面使用，将床头阅读灯收整于墙面**

主卧床头阅读灯，以壁灯取代传统台灯，并将开关、插座
等设计收整于墙面上，床头台面简洁素净，有更充裕的空
间可摆放睡前读物、手机，不会因为要摆灯而占用面积，
也不用担心不小心弄倒灯座。

↖ USEFUL

床头灯采用无段式旋转调光设
计，可满足阅读与睡眠等不同
光照需求。

## 👉 手法3 ｜ 收纳功能千万不能少

　　收纳的设计，通常与家庭成员人数、生活习惯、空间大小息息相关。虽然面积固定，无法变动，但通过良好的收纳功能设计，譬如往上下发展争取空间，以及复合多功能或暗藏玄机的隐藏功能，借助各种适当方法，能让空间无形放大。然而，不论是大房子还是小空间，收纳仍以合理且便利存取操作为原则，毕竟收纳是为了物品储放与归类，而非囤物品、藏东西。好好审视生活需求，妥善规划，才能让家住起来更舒适！

图片提供_北鸥室内设计

TIP**1** 隐形功能设计

图片提供 _ HATCH 合砌设计有限公司

图片提供 _ HATCH 合砌设计有限公司

图片提供 _ HATCH 合砌设计有限公司

**床组收进壁面,将空间尺度释放**

原有实体隔墙拆除,改为双面可储物的柜体,区隔出卧室兼多功能室,空间用途更富弹性。房内床板可收纳隐藏于壁面,通过脱缝设计作为床下拉时的取手,使立面保持简洁。

↑ USEFUL

以特殊五金设计,床板上掀、下拉时,床脚也会随着自动收起、放下。

旋转、隐藏，轻巧弹性的活动餐桌

由于房主没有在餐桌用餐的习惯，因此餐厅的桌子设计成活动式备餐台形式。将一端固定在轴板上，另一端可90°旋转，需要做点心揉面团时可打开拉出桌子，不用时则连同桌面与桌脚，收阖隐藏于白色柜体之中。

← USEFUL

旋转功能桌，台面为石材纹路美耐板，边缘以圆角设计，桌脚采用铁件制成，底下滚轮则有挡片可固定。

图片提供 _ 森叁设计

图片提供 _ 森叁设计

图片提供 _ 森叁设计

TIP**2**   用柜体转换空间

图片提供 _ 怀特室内设计

移动式柜体，自由调度书房与客房

书房后方的黑色书柜，由上至下结合了格柜、抽屉与门板柜等多重收纳功能，底下配置轮子，立马便可化身为移动墙。此活动式弹性隔间，往左侧挪动后，释放书房尺度给右侧空间，可将此区变身成为客房使用。

↖ USEFUL

右侧空间墙体内隐藏了一张标准尺寸双人床，需要时向下拉出，就能作为客房用。

图片提供＿KC design studio 均汉设计

图片提供＿KC design studio 均汉设计

图片提供＿KC design studio 均汉设计

### 旋转电视柜，转出空间互动新关系

开放式格局中矗立一根黑色金属旋转轴，可180°回旋转动
的电视柜体，能依需求调配空间尺度，运用非制式的旋转
柜隔间手法，随时改变客餐厅彼此关系，柜体斜角造型线
条，也能使动线保持流畅节奏。

↑ USEFUL

旋转柜一面内嵌电视机与视听
柜，另一面则是作为开放书架。

TIP**3**    复合多种功能创造弹性生活

图片提供 _ 怀特室内设计

图片提供 _ 怀特室内设计

图片提供 _ 怀特室内设计

**如变形金刚般的自由组合变化**

借由活动隔间的组合，可将多功能室依不同使用需求变身
成各种功能空间。右侧的蓝色壁面，配置下折式书桌板；
另外两个蓝色移动式的卧榻柜体，则可排列成一字、L型或
两片对合变成一个小包厢卧榻。

**↑ USEFUL**

移动柜体设计了格柜与抽屉收
纳，立面另外加装一个滑轨窗
户，打开便能欣赏窗外风景。

图片提供 _ KC design studio 均汉设计

图片提供 _ KC design studio 均汉设计

图片提供 _ KC design studio 均汉设计

**形随功能，复合多变的旋转餐桌**

为了让小型住宅具有各种生活功能，设计师特别运用复合多功能的设计，将家具与柜体结合，通过活动式旋转台面，使操作台与餐桌合二为一，在需要时转出，不用时靠墙收起，多变的使用方式丰富各种生活情境。

**↑ USEFUL**

活动式操作台，搭配旋钮五金与滑轮桌脚，便能轻松旋转拉出作为餐桌使用。

**开放与封闭式收纳的搭配应用**

图片提供 _ 北鸥室内设计

**争取窗边空间，让收纳向上发展**

临窗的一字型柜体，以木质搭配粉色烤漆，柜面通过洗沟
槽做出律动感的线性装饰；天花板的铁件吊架层板，内藏
灯光，可作为开放式展示平台，也可吊挂衣服，将经常穿
的或穿过尚未要换洗的外套吊挂此处，保持通风不闷湿。

**↖ USEFUL**

吊挂天花的铁件层架，不落
地、不占位置，能争取窗边空
间，提升空间使用率。

图片提供 _ 北鸥室内设计

**层板格柜、门板储物，**
**虚实打造美观收纳**

白色柜收整储藏生活日用品，中央挖空的
深色层板，则可摆放书籍或造型收藏品。
矮隔屏界定的开放空间，背景柜墙便成为
了视觉端景，同时具备封闭与开放的收纳
安排，既美观又不会让视觉感觉凌乱，也
呈现出柜体的虚实对比趣味。

**← USEFUL**

层板内大小不同的黄、绿、蓝跳色格
柜，增添色彩与律动活泼感。

## TIP5    利用不规则板材营造立体书柜

图片提供＿森叁设计

**加深空间感的小房子收纳柜**

壁面打造出内凹的收纳展示平台，以木材质搭配尖顶造型，就像是"房子里面还有小房子"的趣味设计，可作为入门后随手摆放小物、钥匙之处，也可展示小朋友陶土作品或大人的收藏品。

← USEFUL

玄关一侧为内凹式造型柜，对面则是反射镜面，能达到放大走道、加深空间的视觉效果。

图片提供＿森叁设计

图片提供＿森叁设计

图片提供 _ 奕起设计

图片提供 _ 奕起设计

### 活泼律动的格柜与猫走道

在有限预算下，采用宜家的方格柜与书柜，高低错落的设计安排，使视觉多了音符般的韵律跳跃，同时这些高高低低的收纳展示柜也是房主毛孩的游戏平台与活动通道。

### ← USEFUL

壁面的方格柜穿插使用蓝色，与浅木纹做出调和变化，同时也与空间背景的蓝互为呼应。

## 👉 手法4 ｜ 厨卫设备认真用心挑

　　厨房、卫浴空间，是家中与基本生理需求最密切相关的区域。合理的动线配置，能让料理时不手忙脚乱，一早起床的盥洗沐浴动作更顺畅。水电线路、排烟、除湿等，以及地面、面材防水抗污材质的挑选，这些与使用安全、清理维护息息相关，在装修前要特别留意。

　　依照不同的烹饪习惯，厨房可规划开放式或隔门阻挡油烟，而不论橱柜为一字型、L型、U字型或配备中岛、吧台的设计，均应考虑台面高度要符合人体工程学。电器或橱柜、浴柜用品的收纳分类，可依平日使用的频率来规划摆放位置，让厨卫空间具有实用便利性，也能保持美观设计。

图片提供＿奕起设计

TIP**1**　厨房灯光要明亮

图片提供 _ 北鸥室内设计

图片提供 _ 北鸥室内设计

**特制层板灯，点亮美味料理与好心情**

一般厨房的主灯（吸顶灯）通常都在使用者背后，做菜时背对灯光，易产生照明不足与暗影问题，料理时相当不便，切菜也危险。建议在厨房上柜或层板底下，安装橱下灯或定制灯，照明更清楚，心情也会随着厨房空间一起明亮起来。

← USEFUL

带灯光的长形小层架，是厨房专用的五金系统，上方可放常用小物与待晾干的杯、碗，下方则为吊架。

图片提供 _ 禾筑设计

图片提供 _ 禾筑设计

## 金属槽让厨房质感更细腻

浅灰色的空间基调，通过局部装点的不锈钢材与镜面，借助反射的特性，让空间光泽隐隐变化。依照房主的收纳习惯，舍去厨房常见的传统上柜，改以细长不锈钢金属槽来取代，金属槽下方搭配间接灯，充分补足工作区的照明需求。

← USEFUL

具有收纳与照明功能的金属槽，表面拉丝处理，呈现细腻质感。

## 　选对厨房背板让空间焕然一新

图片提供 _ 北鸥室内设计

**写意铅笔纹，铺陈时尚厨房背景**

厨房的柜门或立面底材，最好不要挑选网格或凹凸纹路太深的面板，平滑、无缝表面较不易积存油烟污渍，方便日后维护。空间案例中，采用铅笔纹线条的薄瓷砖，面材平滑容易清理，又能突显空间时尚美感。

↖ **USEFUL**

共三大片的薄瓷砖，采用无缝衔接施工处理，接合表面几乎不留痕迹。

图片提供 _ 森叁设计

### 用局部个性黑灰中和珠光的柔美

白色橱柜视觉清爽，经典百搭，上下柜中间的底墙，选用淡粉彩、珠光色泽的鳞片状瓷砖，每四小片为一组，通过层层叠叠的排列，让小空间的视觉借以延伸、放大。瓷砖立面上的黑铁件挂杆，则在细腻柔美中增添一点个性。

### ← USEFUL

厨房上柜左侧的开放格柜选用深灰底板，用色彩呼应餐厅里的薄石板台面餐桌。

图片提供 _ 森叁设计

TIP**3**　　注重厨房设备的美观与实用性

图片提供 _ 北鸥室内设计

打造一个温暖自然的饮食空间

朴实温润的木质橱柜，搭配大中岛与餐桌，料理工作台面宽敞有余。深蓝色块为天花勾勒描边，与六角形地面糅合出低调复古。不将上柜做满，而是改用层架收纳，优雅舒适的厨房设计，表现一个家最幸福的样貌。

↖ USEFUL

特别挑选不易潮、防火的木纹板材，兼顾厨房的安全性与设计感。

图片提供 _ 寓子设计

图片提供 _ 寓子设计

## 收阖琐碎，生活就该如此简单纯粹

走进餐厨区，白底色空间，仅以局部黑色柜体使日用电器的收纳整齐完备。白色画布般的巨型拉门，上方安置挂钩，可吊挂帽子、外套，拉门全关，便可将厨房内柴、米、油、盐的生活细碎全部收阖隔离于无形，只剩简单与素净。

### ← USEFUL

餐桌旁配置洗涤吧台，方便备料或点心制作，侧边的坐榻内附收纳抽屉。

TIP**4**　浴室柜子不落地

图片提供 _ 禾筑设计

### 积木堆叠与漂浮，让沐浴格外有趣

灰色六角形的瓷砖壁面，积木般方块堆叠，局部亮黄跳色，让卫浴空间不再枯燥乏味。壁挂马桶与洗面台、镜柜，底下透空，减少积存脏污死角，让空间更好清理，视觉上更轻盈。

↖ USEFUL

壁挂马桶后方的水箱以相同瓷砖贴面，加上不锈钢装饰收边。水箱上方，也是置物小平台。

图片提供 _ 北鸥室内设计

### 外置式洗手台，提升使用便利性

将洗手台独立拉出，与卫浴空间分离，使两个功能各自分开使用，沐浴洗澡空间更为宽敞，早晨家人们赶着上班、上学时，也能有效节省时间，提升日常便利性。走道底端壁挂式柜台上置面盆，搭配悬吊镜柜收纳，使台面保持干净、不凌乱。

← USEFUL

洗手台柜门特别挑选雾金色把手，巧妙地为柜体增加一份精彩亮点。

## TIP5  干湿分离的卫浴设计

图片提供 _ 北鸥室内设计

图片提供 _ 北鸥室内设计

### 地砖、玻璃门，砌筑出干湿不同领域

壁面使用了大气优雅的大理石纹壁砖，边缘以金色线条勾勒出一丝华丽感。卫浴空间同时拥有大浴缸与淋浴区，淋浴区通过金属框玻璃门切割出干湿分离的设计，就连地面也借由黑、白不同色彩地砖，让区域界线一眼分明。

### ← USEFUL

淋浴区的金属门框，特别以氟碳烤漆加强防锈处理。

图片提供 _ 寓子设计

图片提供 _ 寓子设计

## 双入口的复合式更衣卫浴空间

更衣室、化妆台、卫浴，以U字型格局彼此串联。双入口的动线设计，前后两端皆可进入空间。壁面则以玻璃与实体墙交错搭配，能保有隐私，也能营造轻透的空间感。

### ← USEFUL

仿木纹瓷砖中央设置一个长形落水孔，可确保这一区域清爽洁净。

## TIP**6**　地面运用防滑防跌的瓷砖

图片提供＿北鸥室内设计

### 六角复古地砖，微甜的欧式乡村感

卫浴空间的设计除了美观之外，安全性也是考虑的一大重点。不论洗澡或洗手、洗脸，都有可能将地板弄得湿答答，挑选具有凹凸纹路、雾面的地砖，可提高地板防滑度；另外，也要注意地砖的吸水率要低，防潮性会更好。

### ↖ USEFUL

雾面六角形复古砖除了防滑，微微浮凸的花纹，也相当耐脏好清洁。

图片提供 _ YHS DESIGN 设计事业

**切割、拼贴，打造安全防滑地面**

虽然卫浴墙面与地面采用同一种灰色系的仿大理石纹瓷砖建材，但相较于壁面的平滑感，淋浴区的地面瓷砖则另外经过雾面处理，并切割为小单位再拼贴，以增加接触面的防滑效果。

↖ **USEFUL**

除了本身的防滑纹路之外，地砖也可通过切割、图案拼贴组合，提升地面的变化性与防滑效果。

## 👉 手法5 ｜ 一物多用，解决需要与想要

　　好的设计，指的是能贴近使用者生活所需，更甚者能同时满足居住者心目中对于"家"的理想蓝图规划。

　　有时空间不足以容纳实践所有的"需要"与"想要"，因此必须审视实际上的生活模式、使用习惯，理清之后才能有所取舍，进行设计比例上的调配。当然，也能通过"一物多用"的聪明方法，譬如餐厅与书房共用、卧榻兼容休憩与收纳功能等，结合多重用途来规划设计，在有限之中也能同时满足"需要"与"想要"。

图片提供_原晨设计

TIP1 是餐厅也是书房

图片提供 _ 十一日晴空间设计

通过木设计，品味书香与饭菜香

客厅兼书房空间，由两张桌子拼组出高度使用弹性。区隔空间的深浅木色，一侧是复古胡桃实木隔间拉门，另一侧则是暖黄橡木吧台橱柜，并在立面上运用木条层架打造出书刊收纳，可方便随手阅读取放。

↖ USEFUL

拉门与吧台通过木的直纹与横纹安排，分别让门板与吧台有拉高、拉宽的视觉感。

图片提供 _ KC design studio 均汉设计

图片提供 _ KC design studio 均汉设计

**造型多功能桌，
传达动线交会概念**

在空间交会的中心点，打造一个
餐桌、书桌、工作台结合为一的
造型桌，桌子并以旋转盘的样
式，象征空气与动线的汇集与流
动，下方地面则运用木质搭配
地砖，刻画出同具交会概念的
图纹。

← USEFUL

多边形的层次桌板，下窄上宽，
线条富流动感，下方内缩，不但
可以放书，也让置脚空间更宽裕
舒适。

TIP**2**　**是吧台也是收纳柜**

图片提供 _ 寓子设计

图片提供 _ 寓子设计

**收纳、隔间、吧台，三个方向浅灰色柜体**

如同春天般粉嫩色系的橱柜旁，矗立一座木作浅灰色烤漆的三个方向柜体，正、侧、背面皆可使用，客厅一侧是电视墙柜用途，背后为展示收纳层板，侧边则延伸出桌板，将收纳、隔间、吧台多重功能集合为一。

**← USEFUL**

柜体与吧台桌板，转弯处采用斜角度切割，让小空间的行走动线更流畅无碍。

图片提供 _ 寓子设计

图片提供 _ 寓子设计

### 吧台格柜的局部透光处理

白色橱柜、吧台与玻璃底板的反射效果，让白天光感更加清新明亮。直立顶天的格柜，作为厨房上下柜的侧向收尾，摆放常用的锅、碗、瓢、盆与杯壶，格柜中段处不封背板，有如"凿壁开窗"，让自然光从此处穿透流泻。

### ← USEFUL

由橱柜延伸而出的吧台，另一侧桌脚以两根不锈钢圆柱展现轻巧。

TIP**3**　是隔间墙也是留言涂鸦天地

图片提供 _ 一叶蓝朵设计家饰所

图片提供 _ 一叶蓝朵设计家饰所

**浅草绿背景，打造孩子的大画板**

三室减去一室，并把主卧与儿童房的隔间外推60cm，不论是走道或卧室，两边空间都更加宽敞。悬吊式木拉门，节省开门时的回旋区域，门板推拉关至左右时，中央则是一面可让孩子自由创作画画的黑板墙。

← USEFUL

有别于常见的黑或墨绿黑板，这里选用清浅的草绿色黑板漆，更能与整体空间活泼明亮的色调相映衬。

图片提供 _ 十一日晴空间设计

图片提供 _ 十一日晴空间设计

图片提供 _ 十一日晴空间设计

**黑板墙，让创意在家中奔放翱翔**

深墨绿的黑板漆墙，隔出儿童房的游戏区与睡眠区，中间
挖出"小房子"造型的通道开口，增添可爱童趣，在这
里，孩子可以自由穿梭，随意涂鸦，让天马行空的创意发
芽成长。

**↑ USEFUL**

黑板漆除了黑色，也有墨绿色
与其他特殊色，运用于室内时
挑选水性无毒环保材质更安全。

图片提供 _ 森叁设计

## 烤漆玻璃，易擦易写快乐涂鸦

微微淡灰绿色的烤漆玻璃，是厨房侧边的隔墙，美化遮蔽
冰箱与厨房工作区，同时这面墙也是孩子的涂鸦天地，搭
配白色边框，延续空间色调，作为烤漆玻璃的收边，也营
造出画框感觉。

↖ USEFUL

烤漆玻璃上方锁上一盏黑色小
灯，可增加气氛，也等于是在
涂鸦画作上打灯。

### TIP4 窗边卧榻兼具阅读与收纳功能

图片提供 _ 森叁设计

图片提供 _ 森叁设计

**与书桌、电视台面延伸串联的轻盈卧榻**

客厅沿窗设计成一排卧榻，当亲友造访时可作为座椅的扩充。卧榻下方收纳门板采用斜切把手，踢脚板并内缩约10cm，使卧榻看起来仿佛半悬浮般轻盈，不沉重。与书房衔接的局部玻璃隔墙，通过铁丝夹纱玻璃与桌板，使左右两个空间衔接串联。

**↑ USEFUL**

将玻璃分上下两片，中间夹住从书房延伸而来的木质层板，在视觉效果上有书桌穿墙而过的趣味。

图片提供 _ 寓子设计

图片提供 _ 寓子设计

### 看书、游戏、停留、穿梭，孩子的开心游乐场

以胶合板打造的架高地面兼卧榻，与窗边收纳柜连成一体，中间的高度段差，通过斜坡手法顺接，此斜坡也形成一道溜滑梯，并以短墙筑出安全屏蔽，让卧榻是阅读休息空间，也是孩子的开心游乐场。

### ← USEFUL

窗边抽屉柜，靠墙处的门板挖出圆弧开孔，作为毛孩的小窝入口。

## TIP5    是柜门也是隔间门

图片提供 _ KC design studio 均汉设计

图片提供 _ KC design studio 均汉设计

**双面柜体的双重功能门板**

拆除原有的水泥实体墙，改为一道钢琴烤漆双面电视柜区隔空间，左右皆留入口，形成双进式的便利动线，前后之间也能互相引光，其中一扇门板同时身兼通道与电视柜体的共用门。

↑ USEFUL

作为通道与柜体的双用门，开启频率高，采用钢琴烤漆，表面平滑光亮，清洁更方便。

图片提供 _ KC design studio 均汉设计

**金属玻璃拉门，兼顾采光与通透效果**

运用粉红色的折板铁网天花以及灰调水泥粉光壁面，中和
出既甜又酷的空间个性。客厅旁采用空心砖、金属、层板
规划出一整墙收纳，可左右共用的四片玻璃拉门则能一物
二用，能作为柜体门板，也是前往私人领域的通道门。

**↖ USEFUL**

简洁的金属框拉门，搭配长虹
玻璃特有的直纹装饰，同时也
能保有良好采光与通透感。

## 👉 手法6 ｜ 运用替代材质赚质感

　　装修时，最怕预算不足费用还不断追加，也担心为了节省成本而牺牲掉设计质感，"替代材质"的应用，能妥善解决前述两项恼人的担忧。所谓替代材质，是一种仿造其他建材质感的材料，也可以是指用完全不同的建材，做出类似的装饰效果，用以取代原本价格相对较高或施工较困难的原始材料。不论是用壁纸取代石材、瓷砖，或用其他仿饰材质，建材加工技术的进步，使得仿真效果、装饰质感越来越得到提升，也让装修者省下不少费用。

图片提供 _ 非关设计

## TIP1　用壁纸替代石材、瓷砖

图片提供 _ 北鸥室内设计

**经纬交织出马赛克纹路秩序**

卧室选用细方格纹的壁纸，营造如同马赛克砖拼贴效果，通过垂直水平线条交织出平稳秩序感。壁面左右配置两盏可调式床头灯，灯罩朝下，提供阅读照明所需，灯罩朝上，则能作为夜灯使用。

### ← USEFUL

床头背板的浅灰蓝色与水平垂直线条，能带来均衡、安稳的视觉感，相当适合应用于睡眠空间。

图片提供 _ 森叄设计

**文化石壁纸施工容易、仿真度高**

许多人偏爱天然文化石特有的粗犷纹理与天然色泽，层层堆砌的质朴韵味，与乡村风或工业风相当合拍。若预算不足时，可改以文化石壁纸作为替代方案，花纹仿真度高，能达到类似风格效果，施工也更为便利。

### ← USEFUL

真正的天然文化石肌理斑驳，但壁纸表面平滑，因此在上面吊挂相框、粘贴装饰品也相对容易许多。

## TIP2　用涂料替代进口壁纸

图片提供＿森叁设计

**局部漆面，创造如画作般的几何印象**

涂料价格亲民，又能明显改变空间立面样貌。通过色彩挑
选、图样设计、明度彩度的变化，能创作出媲美或更胜于
壁纸的装饰效果。不论是整面涂铺或局部上漆，都能赋予
墙面新的生命表情。

↖ USEFUL

案例中局部的灰蓝色三角几
何，像是漂浮的山重叠衔接，
如同一幅画挂在墙面上的概念。

图片提供 _ 森叁设计

莫兰迪粉嫩色，挥洒女孩童趣小窝

运用莫兰迪色系涂料铺陈两个女孩的儿童房，甜甜又不张扬的粉嫩色，搭配令人安心放松的浅灰色，整体氛围清新柔和。其中，粉色墙以不规则五边形色块上漆，简单大方，也能增添些许活泼童趣。

↖ USEFUL

灰色乳胶涂料为底的背景墙，上方贴了一朵朵云朵造型贴纸，这种特殊贴纸撕下不会留下残胶，装饰效果佳。

### TIP3  用板材替代实木

图片提供 _ 森叁设计

#### 灰蓝与木纹的沉稳优雅搭配

床头板、书桌与床边桌，以木纹样式的系统板材取代实木，没有实木建材的高成本压力，也能散发林木意象的自然之美。主墙低彩度的灰蓝漆墙，与同样略带灰调的木色，沉稳优雅气息，打造一夜好眠环境。

↖ USEFUL

床头板与抽屉面板的木纹纹理安排，分别通过直纹与横纹的搭配带来线条感变化。

图片提供 _ 两册空间制作所

图片提供 _ 两册空间制作所

图片提供 _ 两册空间制作所

**不做多余装饰，打造自然木气息**

将隔间墙的位置稍微修改，形成一个进退面，作为书房工作区，并运用松木胶合板取代实木当作立面铺陈，除了能控制装修预算之外，松木胶合板具有木材的自然树瘤纹理，气息天然，仿佛是将家盖在森林里。

↑ USEFUL

与松木胶合板搭配的砖墙不另做泥作涂封，尽可能减少装饰性的设计，让材质表现出最朴实的模样。

# 加分设计这样做

所谓"加分设计"就是找到家的自我主张，在设计中加入自己的风格和品位，甚至把个人兴趣或收藏带入空间，让家变得更有人味。

# 添加生活感的设计手法

　　"家"，是空间与生活的复合体。而装修轻时代的精神，来自于对此复合体的现况进行检讨与改善。与其说是一种设计手法，不如说是一种诚实的态度：当家的样子不再依靠外在装饰复制某种姿态来遮盖现状，而是还原纯真自然的本来状态时，

图片提供_原晨设计

设计师更能专注克服原始空间的限制，并且为未来的蓝图保留变化弹性；而居住者的任务便是静下心来审视生活的每个片段，不让想象力被既有的框架绑架。真正加分的设计，会让你重新成为一个恋家的人。

## 👉 手法1 ｜ 变换家中摆设添趣味

　　生活的弹性，源自对现有框架的突破，空间也是如此。利用装修轻时代的概念，舍去不必要的隔间墙或其他空间限制之后，生活场所豁然开阔了，请别急着再度填满它，多一点点留白，少一点点包袱，家具不一定要成套添置，巨大柜体也不见得是收纳的最佳选择，甚至客厅也不一定要摆沙发——这是专属你的空间，谁说回家非要当一颗沙发马铃薯呢？

图片提供 _ 北鸥室内设计

TIP1 **使用可带着走的家具**

图片提供 _ 北鸥室内设计

图片提供 _ 北鸥室内设计

**通过木设计，品味书香与饭菜香**

时下流行将客餐厅打造为开放式场所，展现整体格局的开阔性。建议在不同区域之间置入展示层架或矮柜，把空间层次感衬托出来，感觉会更加宽敞，同时也能丰富生活的功能性。

**← CLEVER**

以家具取代实体墙，创造空间的灵活弹性。

图片提供 _ 北鸥室内设计

## 可大可小的书柜变化组合

以木作或系统柜打造柜体固然好用，却也缺乏调整的弹性。若家庭成员人数或空间未来使用极有可能产生变化，建议挑选非固定式的柜体，如案例中书柜包含了书桌桌板、层架与抽屉，皆是可组合、可扩充、可任意调整层架或桌板高度，搬家时也方便带走。

### ← CLEVER

除了可任意组合调整之外，轻巧的铁件结构，也可选择立地或吊挂不同方式，让柜体的利用充满无限可能性。

图片提供 _ 北鸥室内设计

### 360°自由旋转的面面俱到

房子拥有采光优势，在纯白基底中，以天空蓝墙面跳色与雾粉色沙发，在素净优雅中点缀出彩度。开放格局，通过矮台的电视柜低调隐微分界，使右侧客厅与左侧书房兼起居室，结合成为一个完整大气的空间。

### ↖ CLEVER

非固定式的木质电视柜，可视需求移动位置来调整空间深度，电视为360°可旋转设计。

图片提供 _ ST design studio

**选择可扩充、可组合、可带走的柜体**

收纳不一定要买一大堆橱柜，过量的柜体反而会造成空间
的浪费，不妨灵活运用层架、悬吊杆等墙面五金零件，发
挥巧思就能增加多种不同的收纳功能，同时也便于调整。

↖ CLEVER

懂得善用墙面收纳术，就能减
少不必要的柜体占空间。

## TIP2    家具不一定要成套

图片提供 _ 荃巨设计 iA Design

拿捏色调和比例，家具不成套也可以

缺乏空间布置想法的时候，除了逛家具店，也可以去逛美术馆找灵感。尤其极简系居家很适合以明亮活泼的家具拼搭，看似随性，但色调与比例之间若能拿捏平衡，就是一件艺术品！

↖ CLEVER

把家当成美术馆，发挥拼贴艺术精神。

图片提供 _ 北鸥室内设计

**每个人都有自己的专属餐椅**

帮家人挑一张专属的餐椅吧！跳脱传统一桌四椅的全套式搭配，依照使用者的喜好与个性搭配风格迥异的餐椅，让人一看就感觉到居住者的生活气息与独特个性，把家变得有趣。

↖ CLEVER

以家具代表家人各自的个性，注入独特生活风景。

## TIP3　利用单椅搭配各式沙发

图片提供 _ 荃巨设计 iA Design

### 以沙发颜色搭配其他单椅

沙发体积较大，建议应作为空间视觉焦点来考虑。在选色时可采用比背景色再深一点的沙发，稳定整个空间的重心，再搭配浅色的单椅点缀，让整体色调感的比重达到平衡。

↖ CLEVER

用沙发与单椅的色调，创造巧妙空间平衡。

### 选用沙发为空间定调

一般沙发给人的印象分量厚实，而针对极简调性空间，建议可以有不同的选择，例如色彩较粉嫩、造型圆润的梦幻感沙发，再搭配懒骨头等单品，能为空间带来慵懒放松的感觉。

← CLEVER

在客厅选用清新少女心粉系沙发，瞬间柔化空间氛围。

图片提供 _ 北鸥室内设计

TIP**4**　选择造型抢眼的灯饰

图片提供 _ 北鸥室内设计

用灯饰来为空间加分

简约系居家常见的问题是空间偏向冷调，建议可运用装饰灯来帮氛围增温，除了挑选独特造型的单品之外，也可以挑选有多种颜色变化的LED灯，让灯光呼应不同的心情变化吧！

↖ CLEVER

灯饰单品有多种造型与光色，轻松点亮温馨氛围。

图片提供_北鸥室内设计

## 额外挑选用餐区灯光

灯光不只具有照明的实用功能，对于氛围也有极大影响。
简约系居家通常偏好间接照明为主，但在用餐区域则不妨
挑选小型主灯，不过度明亮的微晕灯光反而更能让人身心
放松。

↖ CLEVER

为家里的用餐区挑选不同的灯
光，不仅能界定空间，还能让
每顿晚餐更有情调。

TIP**5** 客厅不放沙发

图片提供 _ KC design studio 均汉设计

**地毯配上懒骨头、坐垫或单椅**

小面积或幅宽较窄的客厅空间，若摆上沙发反而可能牺牲空间，建议可铺设木地板搭配地毯，再加上懒人沙发、坐垫或单椅，不但保留了空间的灵活弹性，居家感也更加随意自在！

↖ **CLEVER**

用坐垫或地毯代替沙发，让人好想在家打滚。

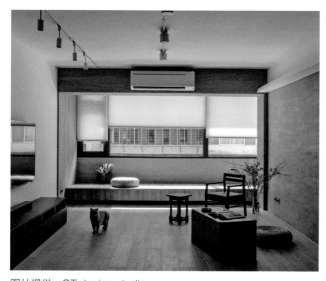

图片提供 _ ST design studio

**不放沙发用卧榻更实际**

兼具坐卧功能的卧榻是许多人的心头好，除了好看之外，还能合并收纳功能，并且建议可规划在靠窗侧结构梁下方，不仅能收整空间感又能有效运用空间，也可省下沙发的预算呢！

← **CLEVER**

利用窗边卧榻取代沙发，实用好看又省空间。

## ☞ 手法2 │ 天花板设计局部做

生活中的压力经常是无形的，就像天花板对空间所造成的压迫感一样。在装修轻时代与工业风当道的现代，天花板已经不是非做不可的选择，但是因为裸露其素坯水泥本色，更需要适当的修整，否则便是粗野，而非质朴素净了。

至于压顶大梁，也可以通过局部天花板设计来解决，让有形的设计化解无形的压力，展开更清朗的生活。

图片提供_禹乐空间整合

**TIP1**　将线路、灯光收齐在平面中

图片提供 _ KC design studio 均汉设计

**极简中的画龙点睛**

为了不让天花板过低造成压迫感，设计师将冷气风管直径缩小，但增加风管数，让天花板厚度得以压缩，同时维持空调房品质，并结合优雅细致的线条设计，创造利落又大气的空间感。

↖ **CLEVER**

缩小冷气风管直径，有效压缩天花板厚度，依然维持空调房品质。

图片提供 _ 荃巨设计 iA Design

**小面积天花板藏排气功能**

许多小面积套房喜欢采用酒店式的开放式设计，想取消卧室与卫浴的隔间却又担心湿气问题。此时便可运用天花板结合排气管线设备，维持空间简洁感，同时又能引导湿气排除。

↖ CLEVER

利用天花板隐藏排气设备，有效帮空间排除湿气。

**TIP2** 只针对管线做局部的天花板、假梁

图片提供 _ KC design studio 均汉设计

**利用圆弧包覆梁柱**

卧室最常见的问题就是大梁压顶，但若为了遮梁而采用全面包覆式的天花板，又会造成空间挑高过低。案例利用圆弧包覆梁柱的手法，同时隐藏空间管线，创造舒适的睡眠环境。

**← CLEVER**

有效利用弧形包覆梁柱，减少空间压迫感。

图片提供 _ 荃巨设计 iA Design

**圆弧天花板有助于降温效果**

除了隐藏管线之外，天花板造型也有影响空间气流的作用。例如本案例在空调上方做出局部天花板圆弧挑高造型，让冷气可以越过大梁阻挡而向下传达，让空间中的降温效果更好。

**← CLEVER**

好看的圆弧天花板造型，也有引导冷气风向的效果。

**TIP3**  利用有质感的材质包覆线路，与空间结合

图片提供 _ KC design studio 均汉设计

**以假梁修饰管线**

本例屋梁较低，若全面包覆天花板会使整体挑高过低。设计师巧妙运用实木垂直排列的手法，同时让轨道灯等管线结合在实木假梁设计中，打造有如小木屋的独特空间质感。

↖ **CLEVER**

运用实木修饰灯轨，在室内营造有如小木屋的视觉感受。

图片提供 _ KC design studio 均汉设计

以铁网增添天花板趣味

利用铁网折板的高低角度，穿梭在包覆楼板与梁的高低差，同时融入灯光照明，再结合拼花概念，在不同矩形的折板中置入三种不同密度的铁网，增添空间天花板的趣味性及实用性。

↖ CLEVER

超独特铁网天花板，翻转空间表情。

TIP**4**    在线路上漆加以修饰

图片提供 _ 荃巨设计 iA Design

### 以统一漆色修饰管线

近来工业风居家盛行，不少人选择不做天花板，让管线自然裸露在外，但若没处理好可能会造成杂乱的感觉。建议可采取与整体空间色调相近的漆色予以修饰，保持整体的一致性。

↖ CLEVER

运用相近色调修饰线路，让空间的整体视觉更清爽。

图片提供 _ KC design studio 均汉设计

### 以清爽色系为线路上色

想要为素颜居家增加一点活泼色彩？不妨尝试从管线漆色着手。例如本例采用清爽的土耳其蓝来修饰灯光管线，让线路不只是功能性的存在，更摇身一变成为空间的独特装饰。

↖ CLEVER

巧搭缤纷线路设计，赋予居家活泼艺术美，让家更有个性。

## TIP5    留有局部的线路裸露

图片提供 _ 荃巨设计 iA Design

### 只留下部分线路当作造型

想要打造工业风或极简风的管线裸露效果，应注意线路在排列上的秩序性与线条感，同时也应考虑灯光的走向来进行搭配，让看似随意的工业风居家拥有井然有序的层次性。

↖ CLEVER

注意管线走向一致性，避免造成杂乱感。

图片提供 _ KC design studio 均汉设计

运用高低差，展现空间感

各种线路因功能不同，在粗细、材质上都有差异，不妨运用此特点来勾勒空间表情，除了服帖于墙面之外，也可使之产生高低错落的层次感，变化出属于空间的诗意节奏。

↖ CLEVER

运用管线高低错落，创造视觉的节奏感。

## 👉 手法3 │ 墙面设计局部做

　　许多居家空间的灵感，都是从一面墙开始的。当缺乏灵感，不知该如何与设计师沟通时，就幻想一道美好的墙面吧！可以是很抽象的想法，甚至是某个简单的意象：例如在欧洲旅行时爱上的乡村花砖，能让人静心的质朴灰阶，或者是可以轻盈收纳生活细节的展示墙，又或者是曾在家饰店遇见的惊艳壁纸等，让这些微小而幸福的念头，逐渐形成一个家的模样。

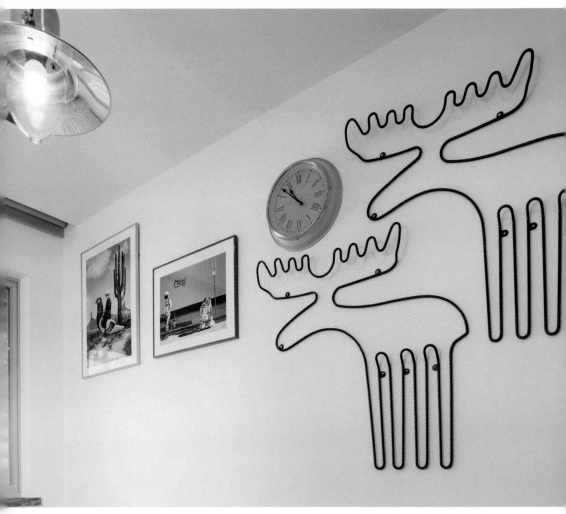

摄影_沈仲达

TIP1 **以硅藻土呈现自然风貌**

图片提供 _ KC design studio 均汉设计

### 追求极简立面

正如同饮食追求少油少盐，当代居家美感也追求低饰本色，呈现家最自然的表情。本案例运用具有吸湿效果的硅藻土墙面，搭配带有复古感的磨石子地面，让家回归质朴的生活调性。

↖ CLEVER

硅藻土墙面搭配磨石子地板，打造温润质朴感。

图片提供 _ KC design studio 均汉设计

### 运用硅藻土的特性修饰廊道

硅藻土是一种来自水中的天然矿土粉末原料，其特性介于油漆与泥作之间，干燥后所呈现的质感类似消光粉彩，相当素雅。本案例用以修饰廊道，使空间呈现欧式宫廷般的雅致质感。

← CLEVER

运用淡雅硅藻土，赋予居家素净零装感。

用壁纸营造不同的情境

图片提供＿北鸥室内设计

**选用壁纸，为将来保留弹性**

儿童房是专属孩子的小小天地，伴随着年龄的成长，孩子对于房间布置也会有不一样的主张。建议装修时可选择运用壁纸装饰墙面，未来可随心情置换不同花色，方便又省成本。

↖ **CLEVER**

儿童房选用壁纸装饰，保留未来可变性。

图片提供 _ ST design studio

局部使用特殊壁纸增趣味

市面上壁纸五花八门，除了传统单色壁纸之外，更有许多
不同花色与质感可以选择。若是感觉居家过于简约冷调，
可考虑将局部墙面改以特殊壁纸装饰，在空间中创造视觉
亮点。

↖ CLEVER

巧用花样壁纸，为空间带入丰
富表情。

**以画作或照片构成展示墙**

图片提供 _ 荃巨设计 iA Design

**用灯光和画作，让家变成艺廊**

居家空间若是有悬挂巨幅画作或摄影的需求，建议于规划初期提早与设计师沟通，以利在墙面预留悬挂轨道及搭配投射灯，让日常生活空间也能天天拥有精品艺廊般的高雅品位。

↖ **CLEVER**

懂得预留悬挂轨道与灯光，把家变成最美艺廊。

图片提供 _ 北鸥室内设计

## 以空间考虑画框配置

空白的墙面好单调，最快的补救措施就是挂上几幅质感摄
影或画作，悬挂时应注意画框大小与墙面及周边线条的比
例，如本例的画框大小刚好与侧边拉门窗格接近，形成巧
妙呼应。

↖ CLEVER

从几何比例来考虑画框配置，
挂出美术馆的质感。

## TIP4    设定主墙画面，其他角落根据主墙材质及用色延伸

图片提供 _ 北鸥室内设计

### 用一面墙聚焦设计

墙是凝聚生活风景的底色，如果想要在居家空间巧搭红砖、文化石这一类特殊材质，建议可选择一面主墙着手，如本案例将餐厅主墙设定为红砖墙，橱柜区搭配花砖，风格十足。

↖ **CLEVER**

一面就刚好，抢眼红砖凝聚视觉焦点。

图片提供 _ 北鸥室内设计

## 为墙大胆上色

心目中有梦幻色彩想要实现？大胆告诉设计师吧！如本案例以疗愈系浅蓝色为主题，周边元素如浅色木地板、纯白色系柜体及家饰等皆是为搭配主色调而生，让空间个性更加独特。

↖ CLEVER

主墙最适合大胆玩色，不仅可以展示房屋主人的鲜明个性，还能创作空间主题。

## TIP5  强调个性质感的水泥墙

图片提供 _ KC design studio 均汉设计

**粗犷水泥墙碰撞复古画框**

本案例运用水泥脱模所呈现的粗犷质地打造主墙面，混搭
线板画框及复古皮质沙发等美式古典家居元素，两种极端
冲突的元素反而撞击出独具一格的个性，展现蓬勃生命力。

↖ CLEVER

当水泥遇上些许古典线板，撞
出精彩视觉冲击。

图片提供 _ ST design studio

**省去不必要的装饰，留下质感**

以阅读与品酒为生活重心，本例房主希望空间能摒除不必
要的装饰，尽可能放松与沉静。因此，设计师选用质感自
然的水泥粉光铺陈电视主墙，随光影变化深浅纷呈，印下
时光的足迹。

↖ CLEVER

深灰色水泥粉光打底，铺陈沉
静安逸的空间感。

## ☞ 手法4 ｜ 选对软装陈设更加分

　　真正的室内设计，是从生活需求推导空间设计及家具的配置，而不是被既有的形式局限了生活的方式。因此，在购置居家用品时，不妨多保留一些"变心"的余地，选择轻量化或具备可调整性的功能柜体或层架，或者是运用不同的窗帘、地毯、抱枕等软装来变化居家的颜色与表情。生活，本来就不该一成不变，家的样子当然也是。

图片提供_北鸥室内设计

TIP**1** 在空旷的地板铺上地毯就很完美

图片提供 _ 一叶蓝朵设计家饰所

铺上地毯呈现慵懒美感

为了实现"慵懒读书、看电视"的生活情境，特别采用舒适的木地板并铺上大面积地毯，希望可以创造无拘无束的自由氛围。

↖ CLEVER

在木地板铺上大面积地毯，实现无拘无束的生活氛围。

图片提供＿北鸥室内设计

用家饰为家变换风景

极简空间最常见的基础色调不外乎黑、白、灰，不妨利用
软装家饰如地毯、抱枕、窗帘等来玩色彩变化，如本案例
铺上黑白地毯呈现摩登感，若换上浅蓝或鹅黄色地毯则又
是不同风情。

↖ CLEVER

运用软装玩色彩，让居家表情
自由变化。

**TIP2**    不同的桌面材质，营造不同气氛

图片提供 _ 荃巨设计 iA Design

切换材质，提升质感

桌面材质的选择通常伴随着功能性的考虑，例如易脏污的料理桌台常使用便于清洁的不锈钢材质，而本例的开放式不锈钢中岛也呼应了极简调性，搭配木质餐桌更能提升温暖质感。

↖ CLEVER

不锈钢中岛搭配木质餐桌，衬托极简氛围。

图片提供 _ 北鸥室内设计

看家想呈现什么质感，再选用桌面

同样的白文化石墙面，搭上不同的餐桌就会呈现迥异的氛围！本案例采用消光灰金属材质的桌面，使整体偏向极简工业风，但若采取暖色木质感桌面，则会变身北欧森林风格。

← CLEVER

从餐桌材质就能看出个性，温暖或极简各有所好。

## TIP3    善用桌柜装饰

图片提供 _ 北鸥室内设计

### 选用好的桌柜很加分

还在烦恼端景墙该放什么古董或昂贵艺术品吗？其实一个
有设计感的桌柜，就是最吸睛的装饰！如本案例墙面以白
色为主，桌柜便选择明亮色调的样式，打造简单而丰富的
视觉盛宴。

↖ CLEVER

不输艺术品，展示桌柜就是最
好的端景。

图片提供 _ 荃巨设计 iA Design

桌柜二合一，效益极大化

根据房主的工作需求，本例客厅以大型工作桌取代传统客厅茶几，结合高度刚好的开放柜合二为一，便于收纳也兼具展示性，桌脚再搭配滚轮设计，让家具使用弹性发挥到最大。

↖ CLEVER

桌柜合一，兼具展示与收纳功能，大大加分。

## (TIP4) 餐桌兼书桌可特别设计

图片提供 _ 禹乐空间整合

### 中岛吧台桌让餐厨完美结合

开放式的厨房设计搭配长长的中岛吧台桌，既是餐桌也可以是孩子写作业的地方，提升空间使用率，让家人可以聚在一起吃饭、办公、谈天说地。

↖ CLEVER

中岛吧台长桌，让餐厅成为家人互动的重要场所，打造良好关系。

图片提供 _ KC design studio 均汉设计

## 多功能桌面

本例房主生活核心一为饮食，二为读书。设计师量身打造一张多功能桌，从"交会"的概念出发，结合"流动"的动态感，创造出转折独特美学，也扩大桌面使用面积。

↖ CLEVER

专属个人的餐桌兼书桌，营造家人的生活交会点。

TIP**5**    选择脚架式家具，摆脱沉重感

图片提供 _ KC design studio 均汉设计

**选用高脚式家具好轻盈**

想要让空间感轻盈的方法其实很简单，选择"长脚"的家
具就对了！例如本例沙发选择有脚的木质底座，再搭配坐
垫与抱枕，仿佛一个漂浮沙发，同时也兼具好清洁的实用
特性。

↖ CLEVER

高脚式设计打造漂浮沙发，氛
围好轻盈。

图片提供 _ 荃巨设计 iA Design

**以脚架家具减轻空间沉重感**

居家空间色调若以深色为主，较容易让人有沉重的感觉。
建议在家具挑选上可采用细长脚架式家具，营造出举重若
轻的视觉感，就能在无形中化解整体空间氛围沉甸甸的
感觉。

↖ CLEVER

深沉色调居家，就用脚架家具
来减轻视觉重量。

## 图书在版编目（CIP）数据

装修轻时代，让家越住越有生活感 / 漂亮家居编辑部
著 . — 北京：中国轻工业出版社，2020.9
　ISBN 978-7-5184-2668-3

　Ⅰ . ①装… Ⅱ . ①漂… Ⅲ . ①住宅 – 室内装饰设计
Ⅳ . ① TU241

中国版本图书馆 CIP 数据核字（2019）第 208463 号

责任编辑：陈　萍　　责任终审：李建华　　整体设计：锋尚设计
策划编辑：陈　萍　　责任校对：晋　洁　　责任监印：张　可

出版发行：中国轻工业出版社（北京东长安街6号，邮编：100740）
印　　刷：北京富诚彩色印刷有限公司
经　　销：各地新华书店
版　　次：2020年9月第1版第1次印刷
开　　本：710×1000　1/16　印张：14.5
字　　数：230千字
书　　号：ISBN 978-7-5184-2668-3　定价：68.00元
邮购电话：010-65241695
发行电话：010-85119835　传真：85113293
网　　址：http://www.chlip.com.cn
Email：club@chlip.com.cn
如发现图书残缺请与我社邮购联系调换
191071S5X101ZYW